lehmanns media

AF833103

Uwe Schöning
Hans A. Kestler

Mathe-Toolbox

Mathematische Notationen, Grundbegriffe
und Beweismethoden

3., überarbeitete Auflage

lehmanns media

Bibliografische Information der Deutschen Nationalbibliothek

Die Deutsche Nationalbibliothek verzeichnet diese Publikation in der Deutschen Nationalbibliografie; detaillierte bibliografische Angaben sind im Internet unter *http://dnb.ddb.de* abrufbar.

Alle Rechte vorbehalten
Dieses Werk, einschließlich aller seiner Teile, ist urheberrechtlich geschützt. Jede Verwertung außerhalb der engen Grenzen des Urheberrechtsgesetzes ist ohne Zustimmung des Verlages unzulässig und strafbar. Das gilt insbesondere für Vervielfältigungen, Übersetzungen, Mikroverfilmungen, Verfilmungen und die Einspeicherung und Verarbeitung auf DVDs, CD-ROMs, CDs, Videos, in weiteren elektronischen Systemen sowie für Internet-Plattformen.

3., überarbeitete Auflage
© Lehmanns Media, Berlin 2016
Helmholtzstraße 2-9
10587 Berlin

Umschlagdesign: Gilberg Marketing & Kommunikation
Druck und Bindung: Drukarnia Dimograf • Bielsko-Biała • Polen

ISBN 978-3-86541-799-2

www.lehmanns.de

Vorwort

Zwischen der Schulmathematik und der Mathematik, wie sie an Universitäten gelehrt wird, gibt es große Unterschiede, die bei den Notationen und Bezeichnungsweisen beginnen und sich beim Prinzip des Beweisens fortsetzen. Genau an dieser Stelle möchte dieser Leitfaden eine Brücke bauen.
Viele der mathematischen Notationen und Beweistechniken haben eine Entsprechung oder eine spezielle Ausprägung in der Theoretischen Informatik oder Programmierung. Auch diese Informatik-bezogenen Facetten sollen in diesem Leitfaden behandelt werden.
Neue Beweistechniken begleiten den Studierenden bis ins Master-Studium. Auch solche fortgeschritteneren Themen finden hier ihren Platz.

Für Hinweise und Kritik zu Vorversionen dieses Buches – inzwischen die dritte Auflage – bedanken wir uns bei Alfred Böhm, Martin Bossert, Martin Dietzfelbinger, Walter Guttmann, Markus Maucher, Martin Mundhenk, Enno Ohlebusch, Helmuth Partsch, Max Riederle, Thomas Schwentick, Thomas Thierauf, Jacobo Torán und Henning Wunderlich. Dank an Herrn Bernhard Thieme von Lehmanns Media für die hervorragende Zusammenarbeit.

November 2015 U.S. & H.A.K.

Inhaltsverzeichnis

1 Mathematische Notationen und Grundbegriffe

Die mathematische Notation, so wie wir sie heute kennen, hat sich erst über Jahrhunderte hinweg gebildet und verfestigt. Einige Mathematiker, die hier in notationeller Weise Entscheidendes geleistet haben, waren zum Beispiel Newton, Leibniz und Euler[1], auf den u.a. das Summenzeichen, die Schreibweise $f(x)$ für Funktion u.v.a. zurückgehen. Cantor[2] führte systematisch die Mengenlehre und die entsprechenden Notationen und Begriffe (Mächtigkeit, Abzählbarkeit, Diagonalisierung) ein sowie Boole[3] den Aussagenkalkül mit den logischen Operationen und Frege[4] den Prädikatenkalkül mit den Quantoren.

Dieser Leitfaden soll helfen, den richtigen Umgang mit der mathematischen Notation einzuüben.

Es geht in diesem ersten Teil nur darum zu lernen, wann man eine geschweifte Klammer benutzt, wann eine runde Klammer, was die Quantoren bedeuten, was damit ausgesagt wird, sowie ein paar mathematische Basisdefinitionen kennen zu lernen (z.B. injektiv, transitiv, Alphabet, abzählbar, u.a.), die von den Dozenten – spätestens nach dem ersten Semester – meist vorausgesetzt werden. Es geht hier nicht darum, bereits bestimmte mathematische Sätze zu behandeln – höchstens beispielhaft – das soll dann natürlich den verschiedenen Vorlesungen selber vorbehalten bleiben, die Sie in Ihrem Studium vorfinden. Dieser Leitfaden möchte quer über die eigentlichen Fachvorlesungen die allgemein üblichen mathematischen Notationen (und später auch Beweistechniken) darstellen.

Gelegentlich schieben wir Anwendungen und Beispiele aus dem Bereich der Theoretischen Informatik und Programmierung ein, denn auch hier geht es um formal korrekte Bezeichnungsweisen, um Syntax und Semantik und Abstraktion. Gelegentlich werden in der Informatik dann eigene Bezeichnungen verwendet, die man in der Mathematik

[1] Isaac Newton (1643–1727), Gottfried Wilhelm Leibniz (1646–1716), Leonard Euler (1707–1783).
[2] Georg Cantor (1845–1918).
[3] George Boole (1815-1864).
[4] Friedrich Ludwig Gottlob Frege (1848–1925).

nicht vorfindet. Auch solche Bezeichnungsweisen wollen wir erwähnen.
Dieser Leitfaden soll vor allem Studienanfängern der Informatik und Ingenieurwissenschaften helfen, den Einstieg in die Mathematik zu finden. Die meisten Notationen und Beispiele wird man bereits im ersten Semester vorfinden, das eine oder andere wird aber erst in späteren Semestern auftauchen. Deshalb sollte man diesen Leitfaden nach dem ersten Semester noch nicht zur Seite legen...

1.1 Definition-Satz-Beweis, mathematische Terminologie

Mathematik-Bücher oder Skripte folgen meist einem strengen Schema: Definition, evtl. Lemma, Satz, Beweis, evtl. Korollar. Dabei werden mit einer **Definition** (oder mehreren davon) zunächst die notwendigen Begriffe formal eingeführt. Das heißt, wenn wir fortan den Begriff „xyz“ benutzen, dann meinen wir damit folgendes streng mathematisch aufgebautes Objekt oder folgende Eigenschaft, etc. Hierbei wird oft eine Kurznotation verwendet. Man schreibt einen Doppelpunkt neben ein Gleichheitszeichen oder neben ein Äquivalenzzeichen (siehe Abschnitt über logische Operatoren), um einen neuen Namen für ein mathematisches Objekt oder eine Eigenschaft zu definieren. Beispiel:

$$P := \{n \in \mathbb{N} \mid n \text{ ist Primzahl}\}$$

Hier wird der Buchstabe P neu eingeführt, der fortan für die Menge der Primzahlen Verwendung finden soll[5]. (Zur Definition von Mengen siehe nächsten Abschnitt.) Natürlich müsste man zunächst auch definiert haben, was eine Primzahl ist. Das könnte dann so aussehen. Der Begriff auf der linken Seite, neben dem Doppelpunkt, wird hierbei durch die rechte Seite definiert.

$$n \text{ ist Primzahl } :\Leftrightarrow \; n > 1 \text{ und } n \text{ besitzt nur die Teiler 1 und } n$$

Das Ziel ist letztendlich, einen bestimmten mathematischen **Satz** (auch **Theorem** genannt) anzugeben und anschließend zu beweisen. Auf dem Weg dahin, sozusagen als vorbereitenden Schritt, als Meilenstein, benötigt man unter Umständen einen oder mehrere Hilfssätze. Diese nennt man **Lemma**[6]. Ein Lemma für sich genommen ist meist aus

[5] Manchmal sieht man statt $:=$ auch die Symbole $\triangleq$ oder $\stackrel{def}{=}$.

[6] Der Plural des griechischen Worts Lemma ist eigentlich Lemmata, genausooft wird aber auch Lemmas verwendet.

dem Zusammenhang gerissen und kann nur im Zusammenhang mit dem Satz, auf den es vorbereitet, verstanden werden. Allerdings sind die Übergänge hier fließend, wann die Bezeichnung Lemma aufhört und wann Satz anfängt. Eine Aussage, die in einem Mathematikbuch als Lemma notiert wird, kann im nächsten auch Satz heißen.

Gelegentlich findet man in einem mathematischen Text auch eine **Behauptung** (oder Proposition). Meist ist eine Behauptung ein einfacher Satz, oder eben auch nichts anderes als ein Hilfssatz, ein Lemma. Gelegentlich wird eine Behauptung in den Beweistext zu einem Satz eingebettet, dann wird diese Behauptung mit wenigen Zeilen Text bewiesen, und dann geht es mit dem eigentlichen Beweis des Satzes weiter.

Ein **Korollar** ist eine Folgerung aus einem Satz, also eine mathematische Aussage, die für sich genommen ebenfalls von Interesse ist und sich als Spezialfall aus einem zuvor bewiesenen Satz ergibt. Es muss also ein Satz unmittelbar vorausgegangen sein, auf den sich das Korollar bezieht.

Das für den Anfänger Dubioseste ist vermutlich der **Beweis**. Ein Beweis zeigt Schritt für Schritt unter Zurückführung auf die in der Aussage des Satzes beteiligten Definitionen und unter Verwendung von anerkannten oder bereits bewiesenen Aussagen, dass die Aussage des fraglichen Satzes richtig ist. Ein Beweis liefert die Begründung dafür, warum der betreffende Satz (oder das Lemma) eine wahre Aussage macht. Ein Beweis endet traditionell mit „quod erat demonstrandum" bzw. auf Deutsch „was zu beweisen war", abgekürzt **qed** oder **wzbw**. Oder man verwendet das Beweisendezeichen $\square$ (bzw. $\blacksquare$), das hoffentlich nicht nur als Markierung aufgefasst wird, wo man nun weiterlesen kann, um den Beweis vollständig zu überspringen.

Im dritten und vierten Teil dieses Leitfadens werden wir uns eingehender mit Beweisen befassen.

Man könnte noch erwähnen, dass **Hypothesen** oder Vermutungen unbewiesene Aussagen sind, für deren Zutreffen zwar alle möglichen Indizien sprechen, aber eben, wie gesagt, noch kein Beweis gefunden wurde. Manche dieser Hypothesen stehen so im Zentrum des Interesses, wie zum Beispiel die **Riemann'sche Vermutung**[7] oder die **Cook'sche Hypothese**[8] (die $P \neq NP$ besagt), dass sogar ganze Theorien entwickelt werden, die auf dem Zutreffen der betreffenden Hypothese basieren. Die NP-Vollständig-

[7] Nach Bernhard Georg Friedrich Riemann (1826–1866).
[8] Nach Stephen A. Cook, U Toronto (geb. 1931).

keitstheorie basiert beispielsweise auf der Annahme $\mathrm{P} \neq \mathrm{NP}$, mehr dazu im entsprechenden Abschnitt.

Zusammenfassend kann man sagen, dass mathematische Texte, insbesondere wenn sie massiv die mathematische Spezialsymbolik (Quantoren, Junktoren, etc.) verwenden, kaum Redundanz enthalten. Man kann daher einen mathematischen Text, ein mathematisches Lehrbuch, nicht mit der Geschwindigkeit lesen (und verstehen) wie beispielsweise einen Roman. Das ist es, was Anfängern oft schwerfällt. Man muss sich mit jedem einzelnen Symbol auseinandersetzen. Manchmal erfordert es Minuten oder Stunden, bis man einen einzigen Absatz in einem mathematischen Lehrbuch verdaut hat. Mathematiker sehen in dieser redundanzlosen Schreibweise eine Art von Ästhetik und Eleganz.

1.2 Mengen

Mengen notiert man mittels geschweifter Klammern. Bei einer endlichen Menge kann man die Objekte, die die Menge enthält, durch Kommas getrennt explizit auflisten, zum Beispiel:

$$M = \{3, 56, 128\}$$

Im Deutschen wird bei Dezimalzahlen ein Dezimalkomma verwendet. Deshalb hat sich bei der Angabe von Zahlenmengen mit Dezimalkomma (vor allem im Schulbereich) durchgesetzt, als Trennzeichen zwischen den Zahlen ein Semikolon zu verwenden:

$$\{3{,}14\,;\ 2{,}71818\,;\ 1{,}6445\,;\ 1{,}414\}$$

Im universitären Kontext folgt man hier eher der angelsächsischen Schreibweise mit Dezimalpunkt und Verwenden des Kommas als Trennzeichen:

$$\{3.14,\ 2.71818,\ 1.6445,\ 1.414\}$$

Wenn es sich zwar um eine endliche Menge handelt, aber es zu viele Elemente sind, um sie alle explizit aufzulisten, so kann man sich ggf. mit einer „Punkt-Punkt-Punkt"-Notation behelfen, zum Beispiel:

$$M = \{a, b, c, \ldots, z\}$$

Wichtig ist bei der Verwendung von Punkt-Punkt-Punkt, dass eindeutig klar ist, wie die Folge der angegebenen Objekte weitergehen soll. Man kann die Punkt-Punkt-Punkt-Beschreibung auch für die Definition von unendlichen Mengen verwenden, zum Beispiel:

$$M = \{1, 3, 5, 7, \ldots\}$$

Es sollte klar sein, dass hiermit die Menge der ungeraden natürlichen Zahlen gemeint ist. Sollte die Punkt-Punkt-Punkt-Notation auf einen komplexeren Algorithmus hinweisen, so ist diese Notation nicht mehr zulässig, also wenn man zum Beispiel schreibt

$$M = \{2, 3, 5, 7, 11, 13, \ldots\}$$

und versteht dies als Definition für die Menge der Primzahlen, so ist dies nicht eindeutig genug, also nicht zulässig. In solchen Fällen beschreibt man eine Menge dadurch, dass man vor dem senkrechten Strich einen Variablennamen hinschreibt, und nach dem senkrechten Strich beschreibt, welche Eigenschaft diese Variable haben sollte, um sich als zugehörig zu der betreffenden Menge zu qualifizieren.

$$M = \{ n \mid n \text{ ist Primzahl} \}$$

(Gelegentlich findet man in der Literatur statt eines senkrechten Strichs einen Doppelpunkt; dieser wird – genauso wie der senkrechte Strich – generell als Kurzschreibweise für die Floskel „mit der Eigenschaft, dass“ verwendet.) Besser noch wäre es, man schreibt zu n noch hinzu, was die grundsätzliche Menge (die Grundmenge, manchmal auch Universum genannt) ist, aus der man (im betreffenden Kontext) seine Elemente bezieht, also hier z.B. die Menge der natürlichen Zahlen:

$$M = \{ n \in \mathbb{N} \mid n \text{ ist Primzahl} \}$$

Dies ist insbesondere dann wichtig, wenn man die **Komplementmenge** bilden möchte, die meist mit $\overline{M}$ bezeichnet wird. In diesem Fall ist dann

$$\overline{M} = \mathbb{N} \setminus M = \{ x \in \mathbb{N} \mid x \notin M \}$$

also die **Differenz** der Grundmenge und der Menge M. Andere gebräuchliche Bezeichnungen für die Komplementmenge sind M', M^c oder auch $\complement M$. Für die Mengendifferenz wird statt „\“ oft auch das normale Minuszeichen „–” verwendet.

Bei manchen Mengenangaben findet man auch eine (meist einfache) Rechenoperation vor dem senkrechten Strich, wie etwa bei der Menge

$$M = \{ 2n - 1 \mid n \in \mathbb{N} \}$$

Das heißt, man lässt n alle natürlichen Zahlen durchlaufen, $n = 1, 2, 3, \ldots$, und erhält dann vermittels Anwendung der Formel $2n - 1 = 1, 3, 5, \ldots$ für M die Menge der ungeraden natürlichen Zahlen.

Mittels des Zeichens $\in$ (bzw. $\notin$) lässt sich ausdrücken, dass ein Objekt in einer Menge enthalten ist (bzw. nicht enthalten ist). Auf das letzte Mengenbeispiel oben bezogen ist also $5 \in M$, aber $8 \notin M$, also $5 \notin \overline{M}$ und $8 \in \overline{M}$. Die in einer Menge enthaltenen Objekte nennt man auch deren **Elemente**.

Auch eine Menge, die kein Element besitzt (die **leere Menge**), ist eine sinnvolle Menge; diese wird mit $\emptyset$ (gelegentlich auch mit $\{\ \}$) bezeichnet.

Neben der oben angesprochenen Komplementbildung bzw. Mengendifferenz sind $\cup$ (**Vereinigung**) und $\cap$ (**Schnitt** oder **Durchschnitt**) übliche Operationen auf Mengen.

$$\begin{aligned} A \cup B &= \{ x \mid x \in A \text{ oder } x \in B \} \\ A \cap B &= \{ x \mid x \in A \text{ und } x \in B \} \end{aligned}$$

Zwei Mengen A und B heißen **disjunkt**, falls $A \cap B = \emptyset$. Oft wird die Notation $A \dot{\cup} B$ (manchmal auch $A + B$ oder $A \uplus B$ oder $A \sqcup B$) für die so genannte **disjunkte Vereinigung** verwendet, um einerseits die Vereinigung der Mengen A und B anzuzeigen, aber dabei noch die Zusatzbemerkung auszusprechen, dass die Mengen A und B disjunkt sind (oder sein sollen).

Die **symmetrische Differenz** zweier Mengen ist folgendermaßen definiert:

$$A \triangle B = (A \setminus B) \cup (B \setminus A) = (A \cup B) \setminus (A \cap B)$$

Statt des Zeichens $\triangle$ sieht man auch gelegentlich das Zeichen $\oplus$.

Die folgenden Diagramme[9] skizzieren nochmals diese Mengenoperationen:

[9] Auch Venn-Diagramme genannt, nach dem englischen Logiker John Venn (1834–1923).

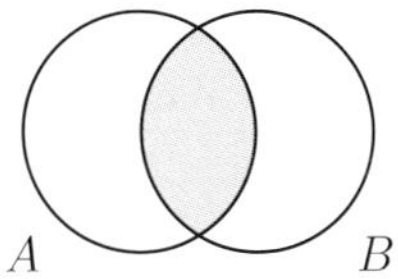

$A \cap B$

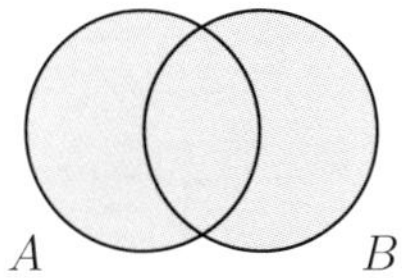

$A \cup B$

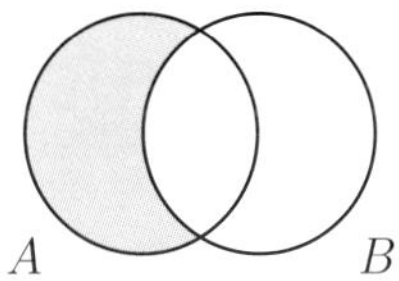

$A \setminus B$

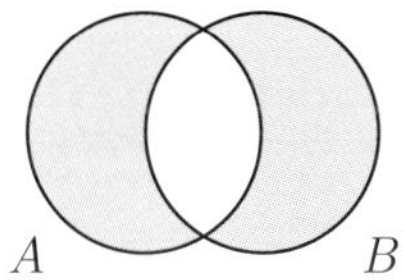

$A \triangle B$

Mit dem Zeichen $\subseteq$ drücken wir die Teilmengenbeziehung zwischen zwei Mengen aus, das heißt, es gilt $M \subseteq N$, falls für jedes $x \in M$ gilt, dass auch $x \in N$. Mit $\subset$ wird ausgedrückt, dass die erste Menge *echt* in der zweiten enthalten ist. Das heißt, es gilt $M \subset N$, falls $M \subseteq N$ und es mindestens ein Element $x \in N \setminus M$ gibt. (In der Literatur wird statt $\subseteq$ und $\subset$ manchmal auch $\subset$ und $\subsetneq$ verwendet, was zu Verwechslungen führen kann.)

Die Elemente in einer Menge haben keine besondere Reihenfolge, und mehrfach auftretende Elemente werden zu einem einzigen Element verschmolzen. Die Mengen $\{2, 8, 5\}$, $\{8, 2, 5\}$ und $\{2, 8, 5, 2, 5, 5, 8\}$ bedeuten also ein und dieselbe Menge, die aus 3 Elementen, nämlich 2, 5 und 8, besteht. Mit $|M|$ bezeichnet man die **Mächtigkeit** (oder Kardinalität) einer Menge, also die Anzahl der verschiedenen Elemente, die in M enthalten sind. Sollten dies unendlich viele sein, so schreibt man $|M| = \infty$. Sollte die Menge M endliche Mächtigkeit haben (ohne die genaue Zahl angeben zu wollen oder zu können), so schreibt man $|M| < \infty$.

In vielen Anwendungen (z.B. bei der Erhebung von statistischen Daten oder Messwerten) kommen Mengen vor, bei denen es wichtig ist, die Mehrfachheit der Elemente zu berücksichtigen und Elemente auch mehrfach zu zählen. Diese Erweiterung des Mengenkonzepts nennt sich **Multimenge** (im Englischen *multi-set*, gelegentlich auch *bag* genannt). Es gibt keine besondere Notation für Multimengen, man verwendet meist auch die geschweiften Mengenklammern, muss dann aber extra dazu sagen, dass es sich um eine Multimenge handelt, dass also Elemente mehrfach vorkommen können. Allerdings spielt deren Reihenfolge nach wie vor – im Unterschied zu Folgen – keine Rolle.

Beispiel: Die Primteiler der Zahl $792 = 2^3 \cdot 3^2 \cdot 11$ bilden die Multimenge $\{2, 2, 2, 3, 3, 11\}$. Das Konzept der Mächtigkeit muss dann auch entsprechend abgeändert werden. Diese Multimenge hat also die Mächtigkeit 6. Als Menge betrachtet würde man nur die Anzahl der *verschiedenen* Primzahlen zählen; dies ergäbe die Mächtigkeit 3.

1.3 Mengensysteme, Potenzmenge

Ein **Mengensystem** ist eine Menge bestehend aus Elementen, die selber Mengen sind. Hierbei werden diese Mengen oft als Teilmenge einer gegebenen Grundmenge gebildet. Nehmen wir an, die Grundmenge sei $\{1, 2, 3, \ldots, 9\}$. Dann ist

$$\Big\{ \{2,3\},\ \emptyset,\ \{2,4,7,9\},\ \{4,5,8\} \Big\}$$

ein mögliches Mengensystem. Diese Menge besitzt 4 Elemente, welche wiederum selber Mengen sind; eine davon ist die leere Menge.

Gegeben sei eine beliebige Menge M. Dann bezeichnet $\mathcal{P}(M)$ die **Potenzmenge** von M, das ist dasjenige Mengensystem, welches aus *allen* möglichen Teilmengen von M besteht. (Man beachte, dass M selbst und die leere Menge auch mögliche Teilmengen von M sind.) In Symbolen geschrieben: $\mathcal{P}(M) = \{ T \mid T \subseteq M \}$. Sei beispielsweise $M = \{a, b, c\}$. Dann ist

$$\mathcal{P}(M) = \Big\{ \emptyset,\ \{a\},\ \{b\},\ \{c\},\ \{a,b\},\ \{a,c\},\ \{b,c\},\ \{a,b,c\} \Big\}$$

Es gilt hier $|\mathcal{P}(M)| = 8$, und im Allgemeinen gilt für eine endliche Menge M mit k Elementen, dass $\mathcal{P}(M)$ genau 2^k Elemente besitzt. (Dies erklärt, warum in der Literatur gelegentlich statt der Bezeichnung $\mathcal{P}(M)$ für die Potenzmenge auch 2^M verwendet wird, denn $|2^M| = 2^{|M|}$.) Besitzt die Menge M abzählbar unendlich viele Elemente, so ist $\mathcal{P}(M)$ überabzählbar unendlich. (Zu diesen Begriffen siehe Extra-Abschnitt.)

Wir wollen hier nochmals besonders darauf hinweisen, dass man genau auf den Unterschied zwischen Elementzeichen $\in$ und Teilmengenzeichen $\subseteq$ achten sollte. Die leere Menge $\emptyset$ ist zwar *Teilmenge* jeder beliebigen Menge; deshalb ist sie auch immer *Element* der Potenzmenge. Keineswegs muss deshalb aber die leere Menge immer in einem beliebigen Mengensystem als Element vorkommen. Das kann so sein wie bei dem Beispiel oben, muss aber nicht zwingend so sein.

Sei M eine endliche Menge. Die etwas ungewöhnliche Notation $\binom{M}{k}$ bezeichnet dasjenige Mengensystem, das aus allen k-elementigen Teilmengen von M besteht[10].

$$\binom{M}{k} = \{ T \mid T \subseteq M, |T| = k \}$$

Beispielsweise gilt für $M = \{1, 2, 3, 4\}$ dass

$$\binom{M}{2} = \Big\{ \{1,2\}, \{1,3\}, \{1,4\}, \{2,3\}, \{2,4\}, \{3,4\} \Big\}$$

Es gilt: $\left|\binom{M}{k}\right| = \binom{|M|}{k}$ (was die ungewöhnliche Notation erklärt), wobei diese **Binomialkoeffizienten** wie folgt definiert werden:

$$\binom{n}{k} = \frac{n!}{k! \cdot (n-k)!} = \frac{n \cdot (n-1) \cdots (n-k+1)}{k \cdot (k-1) \cdots 1}$$

Für die „Randfälle“ legt man fest: $0! = 1$ und dementsprechend $\binom{n}{0} = 1$. Wenn man die rechte Formel oben als *Definition* des Binomialkoeffizienten verwendet, kann man sogar zulassen, dass n negativ (und reellwertig) ist. Beispielsweise ist

$$\binom{-1.2}{2} = \frac{(-1.2) \cdot (-2.2) \cdot (-3.2)}{3 \cdot 2 \cdot 1} = -1.408$$

Für eine unendliche Menge M möchte man gelegentlich die Menge aller ihrer *endlichen* Teilmengen notieren. Diese Menge bezeichnet man mit $\mathcal{P}_e(M)$. Es gilt:

$$\mathcal{P}_e(M) = \{ T \mid T \subseteq M, |T| < \infty \} = \bigcup_{k \geq 0} \binom{M}{k}$$

Es gilt: Wenn M eine abzählbare Menge ist, dann ist auch $\mathcal{P}_e(M)$ (im Unterschied zu $\mathcal{P}(M)$) abzählbar. (Für die Relation „ist endliche Teilmenge von“ wird auch das Zeichen $\Subset$ verwendet.)

1.4 Folgen

Eine **Folge** wird mit runden Klammern notiert. Eine Folge kann wie eine Menge aus endlich vielen Elementen (man spricht eher von **Komponenten** oder Folgengliedern) bestehen

$$(3, 56, 128)$$

[10]Manchmal auch mit $\mathcal{P}_k(M)$ bezeichnet.

oder aus unendlich vielen Komponenten:

$$(1, 3, 5, 7, \ldots)$$

Im Unterschied zu einer Menge kommt es hier auf die Reihenfolge und die Position innerhalb der Folge an. Die beiden Folgen $(1, 2, 3, 1)$ und $(2, 3, 1, 1)$ sind voneinander verschieden. Beide Folgen haben die Länge 4; in der ersten Folge ist die 1 die erste und die vierte Komponente; in der zweiten Folge ist die 1 die dritte und die vierte Komponente.

Statt von einer endlichen Folge (der Länge k) spricht man auch von einem (k-)**Tupel**.[11] Im Kontext der Linearen Algebra (Vektorräume) oder der Codierungstheorie nennt man die Länge n einer Folge auch die **Dimension** und die entsprechenden Folgen (bzw. Tupel) nennt man **Vektoren**. In diesem Kontext ist es manchmal üblich, Vektoren besonders zu kennzeichnen, um sie von anderen mathematischen Objekten (wie den Komponenten eines Vektors) zu unterscheiden. Man verwendet dann einen Pfeil über dem Namen des Vektors, oder eine Unterstreichung, oder auch Fettdruck: $\vec{x}$, $\underline{x}$, $\mathbf{x}$.

Gibt man eine unendliche Folge an, so benötigt man im Allgemeinen eine Formel, mit der man die Folgenglieder anhand ihrer Position in der Folge, ihrem **Index**, berechnen kann. Beispiel:

$$(a_n)_{n=1,2,3,\ldots} \text{ oder auch } (a_n)_{n\in\mathbb{N}} \text{ wobei } a_n = \frac{1}{n}$$

Bei diesem Beispiel könnte man auch die Punkt-Punkt-Punkt Notation verwenden:

$$(a_n)_{n=1,2,3,\ldots} = \left(\frac{1}{1}, \frac{1}{2}, \frac{1}{3}, \frac{1}{4}, \ldots\right)$$

Die Positionsnummer bzw. den Index[12] eines Folgenglieds notiert man durch Tiefstellen. Es kommt vor, dass unendliche Folgen induktiv (oder rekursiv) definiert werden. Das kann so geschehen, dass die erste Komponente der Folge explizit angegeben wird (ggf. auch mehrere Komponenten) und die nachfolgenden Komponenten durch eine gewisse Berechnungsvorschrift, eine rekursive Formel, aus einer oder mehreren Vorgänger-Komponenten hervorgehen. Beispiel:

$$(a_n)_{n\in\mathbb{N}} \text{ wobei } a_1 = 1 \text{ und } a_{n+1} = a_n + \frac{1}{n+1}$$

[11] Statt 2-Tupel sagt man auch (geordnetes) **Paar**, statt 3-Tupel **Tripel**, und statt 4-Tupel **Quadrupel**.

[12] Der Plural von Index ist Indizes.

Hier ist es unerheblich, ob wir, wie oben, schreiben $a_{n+1} = a_n + \frac{1}{n+1}$ (für $n \geq 1$), oder $a_n = a_{n-1} + \frac{1}{n}$ (für $n \geq 2$). Solche rekursiven Definitionen sind oft sehr kompakt und manchmal nur schwer, wenn überhaupt, in eine explizite Darstellung umrechenbar. In diesem Fall ist $a_n = \sum_{k=1}^{n} \frac{1}{k}$. (Zum Gebrauch des Summenzeichens siehe Extra-Abschnitt.)

Ein weiteres bekanntes Beispiel für eine rekursiv definierte Folge ist die **Fibonacci-Folge**[13]:

$$(a_n)_{n\in\mathbb{N}} \text{ wobei } a_1 = 1,\ a_2 = 1,\ a_n = a_{n-1} + a_{n-2} \text{ für } n \geq 3$$

Hier müssen *zwei* Anfangswerte festgelegt werden, da die rekursive Gleichung auf zwei Vorgänger-Folgenglieder Bezug nimmt. Die ersten Folgenglieder sind:

$$1,\ 1,\ 2,\ 3,\ 5,\ 8,\ 13,\ 21,\ 34,\ \ldots$$

Eine explizite Formel für die Fibonacci-Folge findet man im Abschnitt über Funktionaltransformationen.

Wenn wir es mit endlichen Folgen zu tun haben und die einzelnen Folgenkomponenten aus einer vorgegebenen endlichen, nicht-leeren Menge stammen, zum Beispiel $\Sigma = \{a, b, c\}$, so nennt man eine solche Grundmenge oft auch ein **Alphabet** (deren Elemente man dann **Symbole**, **Zeichen** oder auch **Buchstaben** nennt), und wenn man endliche Folgen von Symbolen aus einem solchen Alphabet bildet, so lässt man meist die Klammern und die Kommas weg, da man sie in dieser Situation, zur Abtrennung der einzelnen Elemente voneinander, nicht benötigt. Bei Zahlen, die aus einzelnen Ziffern bestehen, ist dies anders, da man sonst nicht weiß, wann die eine Zahl aufhört und wann die nächste beginnt. Anstelle von (a, c, c, a, b, a, b) schreiben wir also nur $a\,c\,c\,a\,b\,a\,b$. Eine solche endliche Folge nennt man dann ein **Wort** (über Σ). Mit $|w|$ notieren wir die **Länge** des Wortes w, also die Anzahl der Zeichen, aus denen w besteht. Es kann auch vorkommen, dass eine Folge die Länge 0 hat, also aus keiner Komponente besteht; dies notieren wir mit ( ) oder auch mit ε (epsilon steht für empty) bzw. mit λ (lambda steht für leer). Es gelten folgende Beziehungen für den Längenoperator auf Wörtern:[14]

$$|\varepsilon| = 0 \qquad |uv| = |u| + |v| \qquad |w^n| = n \cdot |w|$$

[13] Nach Leonardo von Pisa (1170–1250), genannt Fibonacci (Sohn des Bonacci), Kaufmann und Mathematiker.

[14] Diese erinnern an die Eigenschaften der Logarithmusfunktion.

Hierbei bedeutet uv die Konkatenation von u und v (Definition siehe weiter unten), und w^n ist das Wort $www \dots w$ (n-mal).

Die Menge aller endlichen Folgen (bzw. Wörter) über einem gegebenen Alphabet Σ bezeichnet man mit Σ^*. Diese Menge schließt auch das leere Wort mit ein. Beispielsweise bestehen die ersten Elemente der Menge $\{0, 1\}^*$ aus folgenden Wörtern:

$$\varepsilon,\ 0,\ 1,\ 00,\ 01,\ 10,\ 11,\ 000,\ 001,\ \dots$$

Eine beliebige Menge L von Wörtern (über einem Alphabet Σ), also $L \subseteq \Sigma^*$, nennt man auch eine (formale) **Sprache**.

Im Kontext von Programmiersprachen würde man eine endliche Folge (z.B. von Zahlen), deren Länge zur Übersetzungszeit oder spätestens während der Laufzeit feststeht, als (eindimensionales) **array** bezeichnen, während man endliche Folgen beliebiger Länge über einem endlichen Alphabet, also Wörter, als **string** bezeichnen würde.

Welche Operationen kann man auf Folgen ausführen? Zum einen kann man aus einer gegebenen Folge eine **Teilfolge** bilden, indem man die Indexmenge einschränkt. Sei beispielsweise die Folge

$$(a_k)_{k=1,2,3,\dots} \text{ mit } a_k = \frac{1}{k}$$

gegeben. Dann könnte man folgende Teilfolge bilden:

$$(a_k)_{k \text{ ist Primzahl}}$$

deren ersten Folgenglieder sind: $\frac{1}{2}, \frac{1}{3}, \frac{1}{5}, \frac{1}{7}, \frac{1}{11}, \dots$

Bei endlichen Folgen gibt es die Operation der **Konkatenation** (manchmal notiert mit $\circ$, manchmal auch ohne irgendein Zeichen); das bedeutet, dass die Folgen hintereinander geschrieben werden und so zu einer neuen Folge zusammengefügt werden. Seien beispielsweise die Wörter $u = abbc$, $v = bbcab \in \{a, b, c\}^*$ gegeben. Dann ist $u \circ v$ (bzw. schlicht uv) das Wort $abbcbbcab$. Das Wort u heißt dann auch ein **Präfix** (oder Anfangsstück) und v ein **Suffix** (oder Endstück) von uv. Für ein gegebenes Alphabet Σ bildet die algebraische Struktur $(\ \Sigma^*,\ \circ\ )$ eine Halbgruppe mit neutralem Element (nämlich ε), ein so genanntes **Monoid**. Siehe auch den Abschnitt über algebraische Strukturen.

Das Prinzip der Konkatenation, also Hintereinanderschreibung, lässt sich von einzelnen Wörtern auch verallgemeinern auf Mengen von Wörtern, also Sprachen. Seien L_1, L_2 Sprachen. Dann bedeutet $L_1 \circ L_2$ bzw. $L_1 L_2$ die Sprache $\{xy \mid x \in L_1,\ y \in L_2\}$.

1.5 Kartesisches Produkt

Gegeben seien zwei Mengen A und B. Das **kartesische Produkt**[15] (oder Kreuzprodukt[16]) von A und B ist die folgende Menge (sprich: „A kreuz B“):

$$A \times B \;=\; \{\,(a,b) \mid a \in A,\; b \in B\,\}$$

Das bedeutet, dass die Elemente der Menge $A \times B$ Folgen der Länge 2 sind, so genannte **geordnete Paare**, die erste Komponente bestehend aus einem Element von A, die zweite aus einem Element von B. Seien beispielsweise $A = \{x, y\}$ und $B = \{1, 2, 3\}$, dann besteht $A \times B$ aus $|A| \cdot |B|$ vielen (in diesem Fall: 6) Elementen:

$$A \times B \;=\; \{\,(x,1),\,(x,2),\,(x,3),\,(y,1),\,(y,2),\,(y,3)\,\}$$

Die Definition des kartesischen Produkts kann auf beliebig viele Mengen verallgemeinert werden. Seien $M_1, M_2, \ldots, M_n$ beliebige Mengen, dann ist

$$M_1 \times M_2 \times \cdots \times M_n \;=\; \{\,(a_1, a_2, \ldots, a_n) \mid a_1 \in M_1,\; a_2 \in M_2,\; \ldots, a_n \in M_n\,\}$$

Solche langen kartesischen Produkte kommen z.B. bei relationalen Datenbanksystemen vor (und das kartesische Produkt entspricht in diesem Kontext dem join-Operator).
Man kann grundsätzlich auch unendliche kartesische Produkte bilden. Wir nehmen eine Grundmenge M und definieren

$$M^\infty \;=\; \{\,(a_n)_{n \in \mathbb{N}} \mid a_n \in M \text{ für alle } n \in \mathbb{N}\,\}$$

Dann sind die Elemente dieser Menge M^∞ alle unendlichen Folgen, deren Komponenten aus M stammen. Beispielsweise ist

$$(1, 2, 3, 4, \ldots) \in \mathbb{N}^\infty \quad \text{bzw.} \quad (1, \frac{1}{2}, \frac{1}{3}, \frac{1}{4}, \ldots) \in \mathbb{R}^\infty$$

Anstelle von M^∞ schreibt man auch manchmal M^ω.
Die weiter oben eingeführte Notation Σ^* können wir auch folgendermaßen als Vereinigung von kartesischen Produkten schreiben:

$$\Sigma^* \;=\; \bigcup_{n \in \mathbb{N} \cup \{0\}} \Sigma^n$$

[15] Die Bezeichnung kartesisch geht auf die lateinische Form des Namens René Descartes (1596–1650, franz. Mathematiker und Philosoph), nämlich Renatus Cartesius, zurück.

[16] Man beachte: Der Begriff „Kreuzprodukt“ oder „äußeres Produkt“ hat in der Vektorrechnung eine andere Bedeutung.

Hierbei bedeutet Σ^n dasselbe wie $\Sigma \times \cdots \times \Sigma$ (n-mal), und $\Sigma^1 = \Sigma$ sowie $\Sigma^0 = \{\varepsilon\}$. Also, nochmals anders geschrieben:

$$\Sigma^* = \{\varepsilon\} \cup \Sigma \cup \Sigma^2 \cup \Sigma^3 \cup \cdots = \{a_1 a_2 \ldots a_n \mid n \geq 0,\ a_i \in \Sigma\}$$

1.6 Summen und Produkte

Hat man eine endliche Folge von Zahlen gegeben, also $(a_k)_{k=1,2,\ldots,n}$, so kann man die Summe dieser Zahlen, also $a_1 + a_2 + \cdots + a_n$, kompakt durch folgenden Ausdruck darstellen:

$$\sum_{k=1}^{n} a_k \quad \text{oder, eher seltener, auch durch} \quad \sum_{k=1,2,\ldots,n} a_k$$

Die Variable k dient hier als „Summationsvariable“, die alle Indexwerte von 1 bis n durchläuft (wie man es beim Programmieren von einer FOR-Schleifenvariablen kennt). Der Name der Summationsvariablen ist unerheblich, solange er nicht mit anderen verwendeten Namen kollidiert.

Varianten dieser Notation sind Folgende:

$$\sum_{k \in I} a_k \quad \text{oder} \quad \sum_{k:B(k)} a_k$$

Dies bedeutet, dass die Summationsvariable k alle Werte der Indexmenge I durchläuft, bzw. dass k alle Werte durchläuft, die die Eigenschaft bzw. Bedingung $B(k)$ erfüllen. Es kann hierbei auch vorkommen, dass I die leere Menge ist bzw. dass $B(k)$ eine Eigenschaft ist, die auf keinen Wert k zutrifft. Eine solche leere Summe erhält definitionsgemäß den Wert 0 (denn 0 ist das neutrale Element der Additionsoperation).

Man kann auch eine unendliche Summe bilden, zum Beispiel, wenn die Indexmenge I von oben eine unendliche Menge ist, oder indem man schreibt

$$\sum_{k \in \mathbb{N}} a_k \quad \text{bzw.} \quad \sum_{k=1}^{\infty} a_k$$

Dies ist als Abkürzung zu verstehen für den ausführlicheren Ausdruck

$$\lim_{n \to \infty} \sum_{k=1}^{n} a_k$$

Eine solche unendliche Summe kann einen endlichen Wert haben, zum Beispiel

$$\sum_{k=1}^{\infty} 2^{-k} = \frac{1}{2} + \frac{1}{4} + \frac{1}{8} + \frac{1}{16} + \cdots = 1$$

während andere unendliche Summen bekanntermaßen nicht konvergieren:

$$\sum_{k=1}^{\infty} \frac{1}{k} = 1 + \frac{1}{2} + \frac{1}{3} + \frac{1}{4} + \cdots = \infty$$

Die Notation $\sum_{k=1}^{\infty} a_i$ kann allerdings auch so verstanden werden, dass damit nicht (nur) der Grenzwert – falls existent – gemeint ist, sondern die Folge der Partialsummen als solche:

$$\Big(\sum_{k=1}^{1} a_i\,,\ \sum_{k=1}^{2} a_i\,,\ \sum_{k=1}^{3} a_i\,,\ \ldots\Big) = (\,a_1\,,\ a_1 + a_2\,,\ a_1 + a_2 + a_3\,,\ \ldots)$$

Eine solche Folge von Summen, die aus einer gegebenen Folge $(a_k)_{k\in\mathbb{N}}$ hervorgeht, nennt man auch eine **Reihe**.

Sei beispielsweise die Folge $(a_k)_{k\in\mathbb{N}} = (1, 1, 1, 1, \ldots)$ gegeben. Dann ist die zu dieser Folge gehörige Reihe $(1, 2, 3, 4, \ldots)$, die keinen Grenzwert besitzt.

Alles, was wir bisher über Summen gesagt haben, lässt sich sinngemäß auch auf Produkte der Art $a_1 \cdot a_2 \cdots a_n$ übertragen. Die entsprechenden Notationen sind:

$$\prod_{k=1}^{n} a_k\,,\quad \prod_{k\in I} a_k\,,\quad \prod_{k:B(k)} a_k\,,\quad \prod_{k=1}^{\infty} a_k$$

Beispielsweise lässt sich die Fakultätsfunktion, n Fakultät, definieren mittels

$$n! = \prod_{k=1}^{n} k$$

Auch hier kann es vorkommen, dass ein Produkt leer ist; in diesem Fall ist definitionsgemäß der Wert des Produkts gleich 1 (das neutrale Element der Multiplikationsoperation); insbesondere ist $0! = 1$.

Außer den gerade beschriebenen Summen- und Produkt-Zeichen für Zahlenfolgen kommen in der Informatik gelegentlich auch andere Operationen vor, zum Beispiel die Boole'schen Operationen (siehe Extra-Abschnitt), die man sinngemäß auf Boole'sche Werte a_k anwendet:

$$\bigvee_{k=1}^{n} a_k \quad \text{oder} \quad \bigwedge_{k=1}^{n} a_k \quad \text{oder} \quad \bigoplus_{k=1}^{n} a_k$$

In ähnlicher Weise kann man auf Mengen A_k Vereinigungs- oder Schnitt-Operationen anwenden:

$$\bigcup_{k=1}^{n} A_k = A_1 \cup \cdots \cup A_n \quad \text{oder} \quad \bigcap_{k=1}^{n} A_k = A_1 \cap \cdots \cap A_n$$

Ähnliches gilt auch für große kartesische Produkte:

$$\bigtimes_{k=1}^{n} M_k = M_1 \times \cdots \times M_n$$

1.7 Matrizen und Skalarprodukt

Eine Matrix besteht aus zweidimensional angeordneten Elementen; sie kann endliche oder unendliche Seitenlängen haben. (Unendliche Matrizen begegnen uns beispielsweise in den Abschnitten über Abzählbarkeit und über Diagonalisierung.) Eine $m \times n$ Matrix ist ein rechteckiges Gebilde, bestehend aus m Zeilen und n Spalten von Elementen (aus einer betreffenden Grundmenge). Üblicherweise verwendet man runde Klammern, um eine Matrix einzuschließen:

$$\begin{pmatrix} a_{1,1} & a_{1,2} & \cdots & a_{1,n} \\ a_{2,1} & a_{2,2} & \cdots & a_{2,n} \\ \vdots & \vdots & \ddots & \vdots \\ a_{m,1} & a_{m,2} & \cdots & a_{m,n} \end{pmatrix}$$

Um die Elemente einer Matrix in ihrer Position eindeutig zu identifizieren, verwendet man *zwei* Indizes. Der erste Index gibt die Nummer der Zeile an, der zweite Index gibt die Spalte an, in der sich das betreffende Matrixelement befindet.

Ein besonderer Spezialfall sind quadratische Matrizen, hier ist Zeilenzahl gleich Spaltenzahl, also $m = n$.

Die wichtigste Operation auf Matrizen ist die Matrix-Multiplikation. Zwei Matrizen M_1 und M_2 sind miteinander multiplizierbar, wenn die Anzahl der Spalten von M_1 mit der Anzahl der Zeilen von M_2 übereinstimmt. Seien also

$$M_1 = \begin{pmatrix} a_{1,1} & a_{1,2} & \cdots & a_{1,n} \\ a_{2,1} & a_{2,2} & \cdots & a_{2,n} \\ \vdots & \vdots & \ddots & \vdots \\ a_{m,1} & a_{m,2} & \cdots & a_{m,n} \end{pmatrix} \qquad M_2 = \begin{pmatrix} b_{1,1} & b_{1,2} & \cdots & b_{1,p} \\ b_{2,1} & b_{2,2} & \cdots & b_{2,p} \\ \vdots & \vdots & \ddots & \vdots \\ b_{n,1} & b_{n,2} & \cdots & b_{n,p} \end{pmatrix}$$

eine $m \times n$ und eine $n \times p$ Matrix. Das Ergebnis der Matrix-Multiplikation von M_1 und M_2 ist eine $m \times p$ Matrix $M_3 = M_1 \cdot M_2$:

$$M_3 = \begin{pmatrix} c_{1,1} & c_{1,2} & \cdots & c_{1,p} \\ c_{2,1} & c_{2,2} & \cdots & c_{2,p} \\ \vdots & \vdots & \ddots & \vdots \\ c_{m,1} & c_{m,2} & \cdots & c_{m,p} \end{pmatrix}$$

wobei sich die einzelnen Elemente der Matrix M_3 wie folgt ergeben:

$$c_{i,j} = \sum_{k=1}^{n} a_{i,k} \cdot b_{k,j}$$

Um ein Element $c_{i,j}$ der Ergebnismatrix M_3 zu berechnen, bildet man also das Skalarprodukt (Definition siehe weiter unten) des i-ten Zeilenvektors von M_1 mit dem j-ten Spaltenvektor von M_2. Dies wird besonders anschaulich, wenn man die Matrizen M_1, M_2, M_3 gemäß des so genannten **Falk'schen Schemas**[17] positioniert:

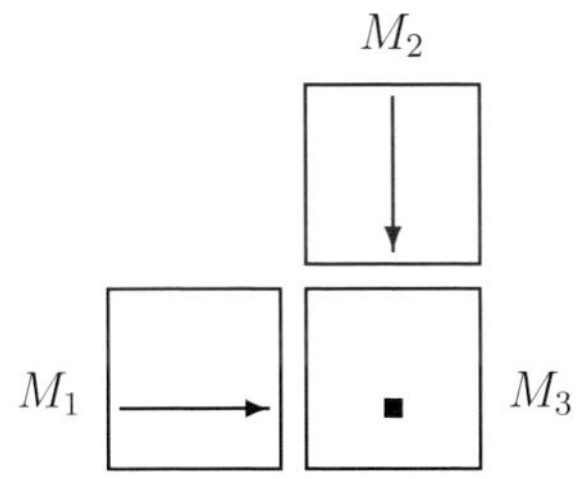

Man beachte, dass die Matrizenmultiplikation nicht kommutativ ist, auch nicht für quadratische Matrizen, das heißt, $M_1 \cdot M_2$ ist im Allgemeinen nicht das Gleiche wie $M_2 \cdot M_1$. Das neutrale Element bzgl. der Matrizenmultiplikation (für quadratische Matrizen) ist die **Einheitsmatrix**

$$E = \begin{pmatrix} 1 & 0 & \cdots & 0 & 0 \\ 0 & 1 & \cdots & 0 & 0 \\ & & \ddots & & \\ 0 & 0 & \cdots & 1 & 0 \\ 0 & 0 & \cdots & 0 & 1 \end{pmatrix}$$

Für jede quadratische Matrix M gilt $M = E \cdot M = M \cdot E$.

Da man einen Vektor der Länge (bzw. Dimension) n als eine Matrix, bestehend aus einer Zeile und n Spalten, auffassen kann, also als eine $1 \times n$ Matrix, kann man auch einen Vektor (eine $1 \times n$ Matrix) mit einer $n \times p$ Matrix multiplizieren und erhält als Ergebnis eine $1 \times p$ Matrix, also wiederum einen Vektor.

Anstatt einen Vektor als eine Matrix bestehend aus einer einzelnen Zeile aufzufassen (Zeilenvektor), kann man ihn auch als eine $n \times 1$ Matrix, also eine Matrix bestehend aus einer einzigen Spalte auffassen (Spaltenvektor). Durch Transponieren wird aus einem Zeilenvektor $x = (x_1\, x_2\, \ldots\, x_n)$ ein Spaltenvektor x^T, und umgekehrt (vgl. den Abschnitt über Relationen).

[17]Nach Sigurd Falk, 1951.

Multipliziert man einen Spaltenvektor mit einem Zeilenvektor, entsteht als Ergebnis eine 1×1 Matrix, also eine einzelne Zahl (auch **Skalar** genannt). Diese Zahl ist das Ergebnis des so genannten **Skalarprodukts** (oder inneren Produkts) dieser beiden Vektoren $a = (a_1 \ldots a_n)$ und $b = (b_1 \ldots b_n)$, also $a \cdot b = \sum_{i=1}^{n} a_i \cdot b_i$. Für das Skalarprodukt von a und b wird auch die Bezeichnung $\langle a, b \rangle$ oder $(a|b)$ verwendet.

Für späteren Gebrauch (im Abschnitt über Terminationsbeweise) geben wir noch an, dass für das Skalarprodukt ein Distributivgesetz gilt:

$$\langle x, y + z \rangle = \langle x, y \rangle + \langle x, z \rangle$$

(Die Additionsoperation zwischen zwei Vektoren auf der linken Seite der Gleichung ist komponentenweise zu verstehen.) Ferner gilt folgende, oft sehr nützliche **Ungleichung von Cauchy-Schwarz**[18]:

$$\langle x, y \rangle \cdot \langle x, y \rangle \leq \langle x, x \rangle \cdot \langle y, y \rangle$$

bzw. explizit ausgeschrieben:

$$\Big(\sum_{i=1}^{n} x_i y_i\Big)^2 \leq \Big(\sum_{i=1}^{n} x_i^2\Big) \cdot \Big(\sum_{i=1}^{n} y_i^2\Big)$$

Diese Ungleichung wird im Abschnitt über direkte Beweise bewiesen.

Hierzu ein Zahlenbeispiel: Sei $x = (1, 2, 3)$, $y = (4, 5, 6)$. Dann ist $\langle x, y \rangle = 1 \cdot 4 + 2 \cdot 5 + 3 \cdot 6 = 32$, $\langle x, x \rangle = 1 \cdot 1 + 2 \cdot 2 + 3 \cdot 3 = 14$, $\langle y, y \rangle = 4 \cdot 4 + 5 \cdot 5 + 6 \cdot 6 = 77$. Die linke Seite der Cauchy-Schwarz-Ungleichung ergibt sich in diesem Fall zu $32 \cdot 32 = 1024$, die rechte zu $14 \cdot 77 = 1078$.

Wir geben ein Beispiel für die Anwendung des Skalarprodukts an. Ein **Perzeptron** ist ein in der Neuroinformatik gebräuchliches, einfaches mathematisches Modell eines Neurons, also einer Nervenzelle.

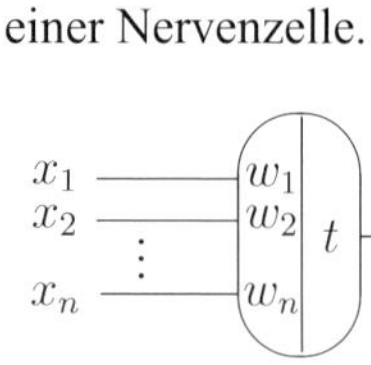

$$f(x_1, \ldots, x_n) = \begin{cases} 1, & \langle x, w \rangle > t \\ 0, & \langle x, w \rangle \leq t \end{cases}$$

Ein solches Perzeptron hat n Eingangsleitungen, über die (von einem anderen Perzeptron oder von einem Sensor) entweder ein Signal kommt (dargestellt durch den Wert 1) oder

[18]Nach Augustin-Louis Cauchy (1789–1857) und Hermann Amandus Schwarz (1843–1921).

auch keines (dargestellt durch den Wert 0). Das Perzeptron kann entweder schalten (oder „feuern"), was durch die Ausgabe 1 ausgedrückt wird, oder auch nicht (Ausgabe = 0). Hierzu wird das Skalarprodukt der Vektoren $x = (x_1, \ldots, x_n)$ und $w = (w_1, \ldots, w_n)$, also $\langle x, w \rangle = \sum_{i=1}^{n} x_i \cdot w_i$, gebildet, und sofern dieser Wert einen gewissen Schwellenwert t übersteigt, so gibt das Perzeptron 1 aus, ansonsten 0. Die Wahl der Gewichte $w_i \in \mathbb{R}$ und des Schwellenwerts $t \in \mathbb{R}$ bestimmen das Verhalten des Perzeptrons.

Oft ist es aus (beweis-)technischen Gründen besser, den Schwellenwert auf 0 festzusetzen. Um dies zu ermöglichen, fügt man einen weiteren Eingang x_0 hinzu, der konstant auf 1 gesetzt wird. Es gilt $w_1x_1 + \cdots + w_nx_n > t$ genau dann, wenn $-t + w_1x_1 + \cdots + w_nx_n > 0$. Der zugehörige Gewichtswert w_0 wird also mit $-t$ festgesetzt. Auf diese Weise erhält man den *erweiterten* Eingangsvektor $(x_0, x_1, \ldots, x_n)$, $x_0 = 1$, und den *erweiterten* Gewichtsvektor $(w_0, w_1, \ldots, w_n)$, $w_0 = -t$, die wir fortan wieder mit x und w bezeichnen.

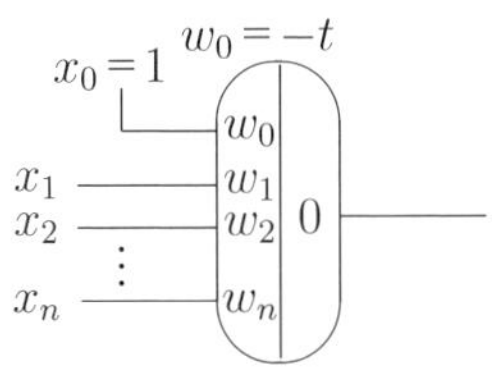

$$f(x_1, \ldots, x_n) = \begin{cases} 1, & \langle x, w \rangle > 0 \\ 0, & \langle x, w \rangle \leq 0 \end{cases}$$

Diese Art der Darstellung wird sich beim Perzeptron-Konvergenztheorem (im Abschnitt über Terminationsbeweise) als nützlich erweisen.

1.8 Algebraische Strukturen, axiomatische Definitionen

Bisher sah es so aus, als ob die Glieder einer Folge alle aus derselben Grundmenge stammen müssen. Das muss aber nicht so sein. Mit Hilfe einer öffnenden runden Klammer vorne und einer schließenden runden Klammer hinten können wir auch völlig unterschiedliche Objekte zu einem Meta-Objekt zusammenfassen, sofern es irgendeinen inhaltlichen Grund gibt, dass diese Objekte in einer „Datenstruktur" zusammengehören. In dieser Weise notiert man in der Mathematik so genannte **algebraische Strukturen**, etwa den Körper der reellen Zahlen

$$(\mathbb{R}, +, *)$$

indem man zuerst die betreffende Grundmenge auflistet, gefolgt von den zulässigen Operationen auf dieser Grundmenge; oder auch ausführlicher

$$(\mathbb{R},\, +,\, *,\, 0,\, 1)$$

Hier werden die neutralen Elemente bzgl. Addition und Multiplikation zusätzlich noch besonders notiert.
Ähnliche Angaben kommen auch in der Theoretischen Informatik vor; mit

$$G \;=\; (V,\, \Sigma,\, P,\, S) \quad \text{bzw.} \quad M \;=\; (Z,\, \Sigma,\, \delta,\, z_0,\, E)$$

bezeichnen wir eine formale Grammatik G bzw. einen endlichen Automaten M. Die Angaben zwischen den runden Klammern legen die verwendeteten Grundmengen (Alphabete) fest sowie andere strukturelle Objekte (Grammatik-Regeln, Automaten-Übergangsfunktion), die für das richtige „Funktionieren“ der Grammatik bzw. des Automaten benötigt werden.
Solche Notationen erinnern auch an die Verbund-Datenstrukturen (records), wie sie aus verschiedenen Programmiersprachen bekannt sind, oder die Auflistung von Parametern in einem Prozeduraufruf oder einer Prozedurdeklaration.

Dass man für das Notieren einer algebraischen Struktur ebenfalls runde Klammern verwendet, ist die rein syntaktische Seite der Angelegenheit. Es kommt aber meist noch ein Konzept hinzu, mit dem man von der Schule her im Allgemeinen noch nicht vertraut ist. Die Definitionen von algebraischen Strukturen sind im Allgemeinen *axiomatisch*. Beispielsweise sagt man, dass eine Struktur der Form $(M, \circ)$ eine **Gruppe** ist, wenn die zweistellige Operation $\circ$ auf der betreffenden Grundmenge M verschiedene *Axiome* erfüllt. (Welche Menge mit M konkret gemeint ist, wird zunächst nicht gesagt, ist also nicht Bestandteil der abstrakten Definition einer Gruppe.) Bei einer Gruppe umfassen diese Axiome die *Abgeschlossenheit*, die *Assoziativität*, die *Existenz eines neutralen Elements* und die *Existenz von Inversen*. Beispielsweise bedeutet die Existenz eines neutralen Elements, dass in der Grundmenge M ein Element e existieren muss, so dass für alle Elemente $x \in M$ gilt: $e \circ x = x$.
Oft assoziiert man mit der betreffenden Gruppenoperation eher so etwas wie eine Addition. Dementsprechend verwendet man dann auch oft die Notation $(M, +)$, um eine solche Gruppe zu beschreiben. Man spricht von einer **additiv geschriebenen Gruppe**.

Dementsprechend wird dann auch „0“ verwendet, um das neutrale Element zu identifizieren und „$-x$“, um das Inverse von x zu bezeichnen, bzw. „nx“, um $x + x + \cdots + x$ (n-mal) zu bezeichnen.

Analog bezeichnet man mit $(M, *)$ eine **multiplikativ geschriebene Gruppe**, und die entsprechenden Notationen sind dann „1“, „x^{-1}“ und „x^n“.

Von dieser abstrakten Definition einer Gruppe ist dann die *konkrete* Angabe einer Gruppe, zum Beispiel $(\{a, b, c\}, \star)$, zu unterscheiden. Hier besteht die Grundmenge aus den drei Elementen a, b und c, wobei die Operation $\star$ auf dieser Grundmenge durch folgende Tabelle definiert wird:

$\star$	a	b	c
a	c	a	b
b	a	b	c
c	b	c	a

Nun muss überprüft werden, dass diese konkrete Struktur tatsächlich alle Gruppenaxiome erfüllt. Beispielsweise übernimmt hier b die Rolle des neutralen Elements.

Man kann, ohne je eine konkrete Gruppe wie bei diesem Beispiel angegeben zu haben, allein basierend auf den Axiomen, die für Gruppen gelten müssen, Sätze beweisen, die in allen Gruppen gelten müssen. (Zum Beispiel: wenn e das neutrale Element einer Gruppe ist, dann gilt nicht nur $e \circ x = x$, sondern auch $x \circ e = x$.) Die Menge aller solcher Aussagen (Sätze, Theoreme), die auf den Axiomen für Gruppen fußen und die für alle Gruppen gelten müssen, nennt man die **Gruppentheorie**.

In anderen Theorien, etwa der **Zahlentheorie**, dies ist die Menge der wahren Sätze in Bezug auf die algebraische Struktur $(\mathbb{N}, +, *)$, stellt sich die Sachlage etwas anders dar. Bei der Menge $\mathbb{N}$ gehen wir davon aus, dass *per se* bekannt ist, was die natürlichen Zahlen sind[19] und dass auch die Addition und die Multiplikation auf den natürlichen Zahlen klar definiert sind. Peano[20] gibt eine Reihe von Axiomen an, die die natürlichen Zahlen, beginnend bei einer Anfangszahl vermittels einer Nachfolgerfunktion festlegen; und weiterhin, mit einem Induktionsprinzip die Addition, basierend auf der Nachfolgerfunktion, und die Multiplikation basierend auf der Addition, definieren. Insofern könnte man sagen, dass man der Zahlentheorie zumindest nachträglich eine Axiomatisierung hat angedeihen lassen. Doch leider stimmt das so nicht. Gödel[21] hat nicht nur gezeigt,

[19]Leopold Kronecker (1823–1891) soll gesagt haben: „Die natürlichen Zahlen hat der liebe Gott gemacht, alles andere ist Menschenwerk.”

[20]Guiseppe Peano (1858–1939).

[21]Kurt Gödel (1906–1978) österreichisch/amerikanischer Mathematiker, Logiker und Philosoph.

dass das Peano'sche Axiomensystem nicht ausreichend ist, um alle wahren Sätze der Zahlentheorie daraus ableiten zu können, sondern dass jeder beliebige „Vorschlag" einer Axiomatisierung der Zahlentheorie entweder widersprüchlich ist (dann lässt sich daraus *alles* beweisen), oder wenn er nicht widersprüchlich ist, dann unvollständig sein muss. Dann gibt es also wahre Sätze der Zahlentheorie, die in der fraglichen Axiomatisierung nicht herleitbar sind. (Etwas mehr zu diesem Gödelschen Unvollständigkeitssatz findet sich im Abschnitt über Paradoxien.)

Wir erwähnen noch, dass uns noch weitere axiomatische Definitionen begegnen werden, beispielsweise beim Konzept einer Äquivalenzrelation oder einer partiellen Ordnung (vgl. Abschnitt über Relationen).
Es gibt verschiedene Möglichkeiten, die Wahrscheinlichkeitstheorie einzuführen. In den meisten Lehrbüchern findet man heutzutage einen axiomatischen Zugang, basierend auf der Definition eines Wahrscheinlichkeitsraumes, der auf Kolmogorov[22] zurückgeht (vgl. Abschnitt über Wahrscheinlichkeit).

In der Informatik kann man das abstrakte Konzept, was ein **Stapel** (oder Englisch: stack) oder **Kellerspeicher** ist, ebenfalls axiomatisch einführen.

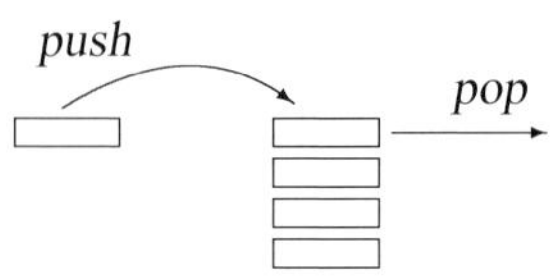

Um einen Stapel zu manipulieren, benötigt man insbesondere zwei Operationen $push$ und pop. Einen Stapel kann man also als eine Struktur $(M, push, pop)$ mit $pop : M^* \to M^*$, $push : M^* \times M \to M^*$ (vgl. Abschnitt über Funktionen) verstehen, so dass unter anderem folgendes Axiom gelten muss, das besagt: Wenn man zunächst ein Element $x \in M$ mittels $push$ auf einen Stapel $s \in M^*$ legt und sodann die pop-Operation anwendet, dann wird der ursprüngliche Stapel s wieder hergestellt:

$$pop(push(s, x)) = s$$

Von der abstrakten Definition eines Stapels ist dann wiederum eine konkrete Realisierung oder Implementierung eines Stapels zu unterscheiden.

In der Mathematik wird deshalb mittels axiomatischer Definitionen vorgegangen, um

[22] Andrej Nikolajewitsch Kolmogorov (1903–1987).

besser herausarbeiten zu können, welche Axiome, welche Eigenschaften der zugrunde liegenden Strukturen, für welche Sätze und Beweise benötigt werden und welche nicht. Dies liefert tiefere Einsichten in die innere Struktur eines Problems bzw. einer Theorie. Für den Anfänger ist dies meist schwierig, anstatt sich konkret mit Eigenschaften der reellen Zahlen $\mathbb{R}$ (beispielsweise) auseinanderzusetzen, dies in der Axiomatik von Gruppen, Ringen, Körpern, Metriken, Topologien, etc. zu tun. Ob man als Dozent eher mit dem abstrakten Ansatz beginnt, um dann später auf den speziellen, konkreten Fall, zum Beispiel $\mathbb{R}$, zu schließen, oder ob man zunächst anschaulich mit $\mathbb{R}$ beginnt, um dann erst im Anschluss die strukturellen und axiomatischen Aspekte weiter herauszuarbeiten, ist eher ein didaktisches Problem[23].

1.9 Induktive Definitionen

Die Objekte, mit denen man es in der Informatik zu tun hat (Listen, Bäume, Programme, Formeln), werden sehr häufig durch eine induktive Definition eingeführt. Das bedeutet, man definiert zunächst, wie die allereinfachste Version des Objekts aussieht (**Induktionsanfang**). Sodann gibt man an, wie man aus einfacheren Objekten durch geeignete Kombination komplexere Objekte aufbauen kann (**Induktionsschritt**). Es kann hierbei sowohl mehr als einen Induktionsanfang als auch mehr als einen Induktionsschritt geben.

Ein einfaches Beispiel ist die induktive Definition von Boole'schen Formeln (siehe Abschnitt über logische Operatoren).

- Die Konstante 0 ist eine Formel (1. Induktionsanfang)
- Die Konstante 1 ist eine Formel (2. Induktionsanfang)
- Jede Variable x (aus einer vorgegebenen Menge von Variablennamen) ist eine Formel (3. Induktionsanfang)
- Wenn F eine Formel ist, dann ist auch $\neg F$ eine Formel (1. Induktionsschritt).
- Wenn F und G Formeln sind, dann ist auch $(F \wedge G)$ eine Formel (2. Induktionsschritt).
- Wenn F und G Formeln sind, dann ist auch $(F \vee G)$ eine Formel (3. Induktionsschritt).

[23] Wir würden eher den letzteren Ansatz bevorzugen.

Gemäß dieser Definition ist dann zum Beispiel $\neg(y \vee (x \wedge \neg 0))$ eine Formel, da man diese in endlich vielen Schritten induktiv gemäß der Definitionsregeln aufbauen kann. Keine korrekt aufgebaute Formel ist dagegen $)\neg x\wedge)01$.

Für solche induktiv definierten Objekte wie die soeben definierten Boole'schen Formeln gibt man in der Informatik zur Definition gerne eine so genannte **Grammatik**[24] an, die diese Objekte durch Anwenden der Grammatik-Regeln erzeugen kann. Exemplarisch könnte eine solche Grammatik für das Objekt „*Formel*" wie folgt aussehen:

$$\begin{array}{lcl} \textit{Formel} & \rightarrow & 0 \\ \textit{Formel} & \rightarrow & 1 \\ \textit{Formel} & \rightarrow & x \\ \textit{Formel} & \rightarrow & \neg\, \textit{Formel} \\ \textit{Formel} & \rightarrow & (\, \textit{Formel} \wedge \textit{Formel}\,) \\ \textit{Formel} & \rightarrow & (\, \textit{Formel} \vee \textit{Formel}\,) \end{array}$$

Der Nachweis, dass das Beispiel $\neg(y \vee (x \wedge \neg 0))$ von oben eine Formel ist, ergibt sich durch schrittweises Anwenden dieser Grammatik-Regeln wie folgt: $\textit{Formel} \Rightarrow \neg\textit{Formel} \Rightarrow \neg(\textit{Formel} \vee \textit{Formel}) \Rightarrow \neg(y \vee \textit{Formel}) \Rightarrow \neg(y \vee (\textit{Formel} \wedge \textit{Formel})) \Rightarrow \neg(y \vee (x \wedge \textit{Formel})) \Rightarrow \neg(y \vee (x \wedge \neg\textit{Formel})) \Rightarrow \neg(y \vee (x \wedge \neg 0))$. Man beachte, dass wir hier der allgemein üblichen Notation gefolgt sind: Grammatik-Regeln schreibt man mit einfachen Pfeilen; bei Ableitungen, in denen diese Grammatik-Regeln angewandt werden, notiert man Doppelpfeile.

Oftmals orientieren sich weitere Definitionen oder darauf aufbauende Sätze (vgl. Abschnitt über Strukturelle Induktion), die sich auf zuvor induktiv definierte Objekte beziehen, ebenfalls an der gegebenen induktiven Definition. Angenommen, wir wollen für Boole'sche Formeln F, wie sie soeben definiert wurden, noch das Konzept der „Verschachtelungstiefe" $v(F)$ definieren. Dann legen wir entsprechend der vorherigen induktiven Definition fest:

- $v(0) = v(1) = v(x) = 0$
- $v(\neg F) = 1 + v(F)$
- $v((F \wedge G)) = v((F \vee G)) = 1 + \max(v(F), v(G))$

Gemäß dieser Definition gilt dann also $v(\, \neg(y \vee (x \wedge \neg 0))\,) = 1 + v(\, y \vee (x \wedge \neg 0)\,) = 2 + \max(\, v(y),\, v((x \wedge \neg 0))\,) = 3 + \max(v(x),\, v(\neg 0)) = 3 + v(\neg 0) = 3 + 1 + 0 = 4$.

[24] Genauer: in diesem Fall eine *kontextfreie* Grammatik.

Wir können mittels einer induktiven Definition auch Folgen ineinander schachteln. Solche Objekte heißen in der Informatik meist **Listen**. Sei A eine Menge. Wir definieren die Menge der Listen, deren elementare Bestandteile Elemente aus A sind.[25]

- Seien $a_1, a_2, \ldots, a_n$ beliebige Elemente aus A. Dann ist $(a_1\ a_2\ \ldots\ a_n)$ eine Liste (über der Grundmenge A).
- Wenn $L_1, L_2, \ldots, L_k$ beliebige Listen sind, dann ist $(L_1\ L_2\ \ldots\ L_k)$ eine Liste.

Sei z.B. $A = \{a, b, c\}$. Dann ist z.B.

$$((a\,b\,a)\,c\,(b)\,((a)\,(b\,b)))$$

eine Liste (über der Grundmenge A). Tatsächlich ist die Listenschreibweise nur eine lineare Schreibweise für eine Baumstruktur, wenn man das Verwenden einer Klammer so versteht, dass man eine Hierarchiestufe im Baum tiefer geht) :

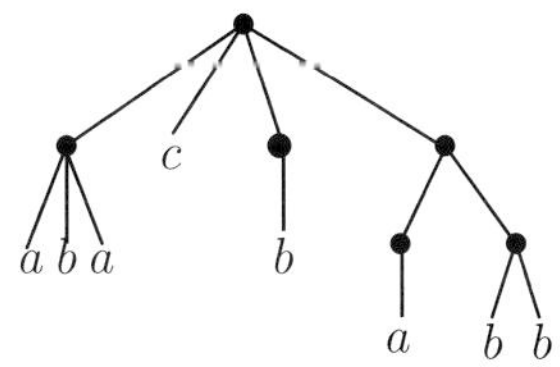

In der Programmierspache Lisp werden solche Listen durchgängig verwendet, sowohl als Datenstrukturen als auch als Programme. Beispielhaft ist hier der Code für Quicksort in Clojure[26], einem Lisp-Dialekt, der auf der Java Virtual Machine aufsetzt, genannt.

```
(defn qsort [[x & xs]]
  (let [smaller (filter #(< % x) xs)
        bigger (filter #(>= % x) xs)]
   (when x
    (lazy-cat (qsort smaller) [x] (qsort bigger)))))
```

1.10 Relationen

Sei R eine Teilmenge von $A \times B$. Dann enthält R einige Paare $(a, b) \in A \times B$, andere dagegen nicht. Für diejenigen Paare, die in R enthalten sind, sagen wir: „die Relation (oder

[25] Wir verwenden bei dieser Definition keine Kommas, sondern Leerzeichen, um die Elemente voneinander abzutrennen, da dies der Konvention bei der Programmiersprache Lisp folgt.

[26] Siehe www.clojure.org. Niemand erwartet von einem Anfänger, dass er dieses Beispiel sofort versteht.

das Prädikat) R trifft auf a und b zu"; oder „a steht in R-Relation (oder R-Beziehung) zu b". Statt der Notation $(a, b) \in R$ schreibt man – je nach Relation – auch $R(a, b)$, oder in Infixnotation: $a\,R\,b$. (Vgl. den Abschnitt über Präfix, Infix, Postfix.)

Man kann diese Definition natürlich auch verallgemeinern auf beliebige n-Tupel, also $R \subseteq A_1 \times A_2 \times \cdots \times A_n$, aber konzentrieren wir uns mal auf *Paare* von Elementen; meist entnehmen wir diese auch derselben Grundmenge, also $A = B$, das heißt $R \subseteq A^2$.

Beispiel: Eine mögliche solche Relation R über der Grundmenge $A = \{1, 2, 3, 4\}$ ist gegeben durch

$$R = \{(1, 1), (1, 2), (2, 3), (3, 2), (4, 2)\}$$

Besonders anschaulich kann man eine solche Relation über einer endlichen Grundmenge mittels eines **Graphen** darstellen. Hierbei zeichnet man für jedes Element $a \in A$ einen Knoten und verbindet zwei Knoten a und b mit einem Pfeil (einer gerichteten Kante), falls $(a, b) \in R$.

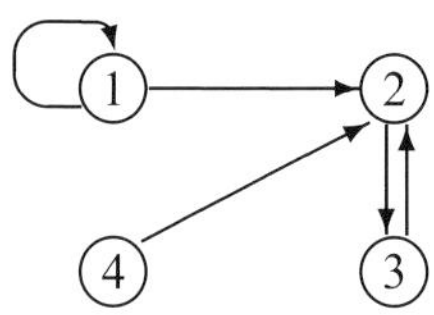

Hier sind ein paar wichtige Definitionen, die für eine binäre (also zweistellige) Relation R zutreffen können. Wenn alle drei zutreffen, sprechen wir von einer **Äquivalenzrelation** (wir benutzen im Folgenden die Infixnotation).

Reflexivität Für alle $x \in A$ gilt: $x\,R\,x$.

Symmetrie Für alle $x, y \in A$ gilt: Wenn $x\,R\,y$, dann auch $y\,R\,x$.

Transitivität Für alle $x, y, z \in A$ gilt: Wenn $x\,R\,y$ und $y\,R\,z$, dann auch $x\,R\,z$.

Für Äquivalenzrelationen werden typischerweise folgende (oder ähnliche) Symbole verwendet: $\equiv$, $=$, $\sim$, $\circeq$, $\frown\!\!\!\!-$, $\approx$, $\leftrightarrows$, $\triangleq$, $\simeq$.

Sei nun R eine Äquivalenzrelation, alle drei Definitionen treffen also zu. Wir nennen eine Teilmenge B der Grundmenge A eine R-**Äquivalenzklasse**, wenn alle Elemente von B paarweise in R-Beziehung stehen und kein Element in $A \setminus B$ zu irgendeinem Element in B in R-Beziehung steht. Die Grundmenge A wird in zueinander disjunkte R-Äquivalenzklassen zerlegt.

Mit *Index*(R) bezeichnen wir die Anzahl der verschiedenen Äquivalenzklassen, in die die Grundmenge A durch die Äquivalenzrelation R zerlegt wird. Sofern A eine unendliche Menge ist, so kann *Index*(R) evtl. auch unendlich (aber auch endlich) sein.

Mit $[x]_R$ bezeichnen wir diejenige (eindeutige) Äquivalenzklasse, in der sich x befindet, also $[x]_R = \{y \in A \mid x\,R\,y\} = \{z \in A \mid z\,R\,x\}$. Das Element $x \in A$ heißt dann ein **Repräsentant** seiner Äquivalenzklasse.

Beispiel: Die Grundmenge sei die Menge der ganzen Zahlen $\mathbb{Z}$. Definiere

$$R = \{\,(a,b) \mid \text{die Differenz } a-b \text{ ist durch } 3 \text{ teilbar}\,\}$$

Dann erfüllt R die drei Definitionen, ist demnach reflexiv, symmetrisch und transitiv, also eine Äquivalenzrelation. Die Grundmenge $\mathbb{Z}$ wird in genau drei Äquivalenzklassen zerlegt:

$$\begin{aligned} [0]_R &= \{\ldots, -6, -3, 0, 3, 6, \ldots\} \\ [1]_R &= \{\ldots, -5, -2, 1, 4, 7, \ldots\} \\ [2]_R &= \{\ldots, -4, -1, 2, 5, 8, \ldots\} \end{aligned}$$

Die Zahlen 0, 1, 2 wurden hier jeweils als Repräsentanten ihrer Äquivalenzklasse verwendet. Genausogut könnten wir aber auch beispielsweise 6, 4 und -4 nehmen. Es gilt bei diesem Beispiel *Index*$(R) = 3$.

Unter einem **Repräsentantensystem** verstehen wir eine Menge von Elementen, so dass jede Äquivalenzklasse durch genau ein Element dieser Menge vertreten wird. Beispielsweise sind sowohl $\{0,1,2\}$ als auch $\{6,4,-4\}$ Repräsentantensysteme für das obige Beispiel. Ist ein Repräsentantensystem besonders einfach oder „natürlich“, so bezeichnet man es oft als **kanonisch**. In diesem Fall könnte man $\{0,1,2\}$ als ein kanonisches Repräsentantensystem bezeichnen (jedoch wäre auch $\{-1,0,1\}$ ein guter Kandidat für „kanonisch“).

Wir erhalten eine andere wichtige Klasse von Relationen, wenn wir zwar die Reflexivität und Transitivität beibehalten, aber die Forderung nach Symmetrie nicht nur weglassen, sondern durch die so genannte **Antisymmetrie** ersetzen:

$$\text{Für alle } x, y \text{ gilt: Aus } x\,R\,y \text{ und } y\,R\,x \text{ folgt } x = y$$

Das heißt in anderen Worten, wenn x und y verschiedene Elemente sind, dann kann höchstens eine der beiden R-Beziehungen gelten: $x\,R\,y$ oder $y\,R\,x$. Es kann auch sein, dass keine dieser Beziehungen zutrifft, dann heißen die Elemente x und y **unvergleichbar** (bzgl. R). Wenn diese drei erwähnten Bedingungen gelten, so sprechen wir von einer **partiellen Ordnung** oder **Halbordnung**.[27] Als Symbole für partielle Ordnungen werden oft Zeichen wie $\leq$, $\preceq$, $\subseteq$ oder $\sqsubseteq$ verwendet. Eine algebraische Struktur $(M, \leq)$, bestehend aus einer Grundmenge M und einer darauf definierten partiellen Ordnung $\leq$, heißt auch eine **partiell geordnete Menge** (im Englischen: partially ordered set, oder verkürzt zu: **poset**).

Beispiel: Betrachte als Grundmenge die Teiler der Zahl 30, also $A = \{ 1, 2, 3, 5, 6, 10, 15, 30 \}$. Die Relation R sei die Teilbarkeitsrelation, die alle drei Bedingungen an eine partielle Ordnung (also Reflexivität, Transitivität, Antisymmetrie) erfüllt. Das folgende so genannte **Hasse-Diagramm**[28] stellt diese Relation graphisch dar.

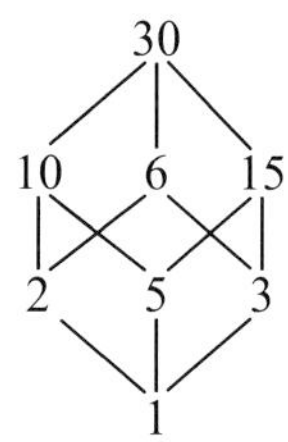

Bei dieser Art von Diagramm bedeutet eine Strichverbindung von unten nach oben, dass zwischen den betreffenden Zahlen die Relation R besteht. Dabei ist die Anzahl Striche auf das Wesentliche beschränkt. Jedes Element steht mit sich selbst in Relation (Reflexivität), dies wird in einem Hasse-Diagramm aber nicht besonders gezeichnet. Wegen der Transitivität besteht auch eine Relation zwischen der 2 und der 30 (beispielsweise). Dies ergibt sich durch die beiden Striche (von 2 nach 10 (oder nach 6) und dann nach 30). Beispielsweise sind die Zahlen 3 und 10 unvergleichbar, da es keine strikt aufwärts gerichtete Strichverbindung zwischen diesen Zahlen gibt.

Wenn alle Elemente miteinander vergleichbar sind (zum Beispiel bei der partiellen Ordnung $\leq$ auf der Grundmenge $\mathbb{N}$), dann spricht man von einer **Totalordnung** oder auch **linearen Ordnung**.

Wir wollen zwei Operationen, denen man Relationen unterwerfen kann, besprechen.

[27] Manchmal wird eine solche Relation auch explizit eine *reflexive* partielle Ordnung genannt, um sie von einer alternativen Definition, bei der die Reflexivität nicht verlangt wird, abzugrenzen.

[28] Nach Helmut Hasse (1898–1979).

Man kann Relationen miteinander verketten (verknüpfen, komponieren). Gegeben seien die Relationen R und S (der Einfachheit halber auf derselben Grundmenge). Dann bezeichnet $R \circ S$ die folgende Relation:

$$R \circ S = \{ (x, y) \mid \text{es existiert ein } z \text{ mit } (x, z) \in R \text{ und } (z, y) \in S \}$$

Beispiel: Betrachten wir als Grundmenge die Menge aller Menschen und die Relation $x\,R\,y$ (dieses Mal zur Abwechslung in Infix-Notation geschrieben) bedeute: y ist Vater von x; und $x\,S\,y$ bedeute: y ist Mutter von x. Dann bedeutet $x\,R \circ S\,y$, dass y Großmutter väterlicherseits von x ist. Dagegen bedeutet $x\,R \circ R\,y$, dass y Großvater väterlicherseits ist, usw.
Man kann eine Relation R transponieren bzw. umkehren zu einer neuen Relation R^T, indem man definiert

$$(x, y) \in R^T \text{ genau dann wenn } (y, x) \in R$$

Es gilt: $(R \circ S)^T = S^T \circ R^T$ (Beweis hierzu im dritten Kapitel).

1.11 Funktionen

Wir betrachten eine Relation $f \subseteq X \times Y$, die die Eigenschaft hat, dass es für jedes $x \in X$ genau ein $y \in Y$ gibt mit $(x, y) \in f$ (Rechtseindeutigkeit). Eine solche Relation nennen wir **Funktion** (oder **Abbildung**) von X nach Y; die Menge X nennen wir hierbei den **Definitionsbereich** und Y den **Wertebereich** (manchmal auch: Zielbereich oder Bildbereich) von f. Wir verwenden für derartige Funktionen auch eine andere Notation; anstelle von $(x, y) \in f$ schreiben wir $f(x) = y$ (oder $f : x \mapsto y$); und anstelle von $f \subseteq X \times Y$ schreiben wir $f : X \to Y$. Im Unterschied zu allgemeinen Relationen ist es üblich, für Funktionen kleine Buchstaben (f, g, h, usw.) zu verwenden. Statt $f(x) = y$ sagt man auch „f bildet x auf y ab“ oder „f angewandt auf x ergibt y“.
Für die Menge aller Funktionen mit Definitionsbereich X und Wertebereich Y, also für $\{ f \mid f : X \to Y \}$, wird gelegentlich die Bezeichnung Y^X verwendet. Dies ist dadurch motiviert, dass für endliche Mengen X, Y gilt: $|Y^X| = |Y|^{|X|}$.

Die Definition einer Funktion erfolgt gelegentlich über eine **Fallunterscheidung** (vgl. auch den Abschnitt über die Beweistechnik Fallunterscheidung). Das bedeutet, dass der Definitionsbereich aufgeteilt wird in disjunkte Teilmengen, etwa $X = X_1 \,\dot\cup\, X_2 \,\dot\cup$

X_3. Dementsprechend werden dann unterschiedliche Funktionen, sagen wir f_1, f_2, f_3, herangezogen, um f zu definieren:

$$f(x) = \begin{cases} f_1(x), & x \in X_1 \\ f_2(x), & x \in X_2 \\ f_3(x), & x \in X_3 \end{cases}$$

Anstatt im letzten Fall die Zugehörigkeit zu einer Menge anzugeben (hier: „$x \in X_3$"), kann man auch einfach „sonst“ schreiben.

Eine Funktion $f : X \to Y$ mit der Eigenschaft, dass verschiedene Elemente x, y des Definitionsbereichs immer auf verschiedene Elemente des Wertebereichs abgebildet werden:

$$\text{Für alle } x, y \in X \text{ gilt: wenn } x \neq y, \text{ dann folgt } f(x) \neq f(y)$$

heißt **injektiv**.

Eine Funktion $f : X \to Y$ mit der Eigenschaft, dass für jedes Element y des Wertebereichs ein $x \in X$ existiert mit $f(x) = y$ (ein so genanntes **Urbild**), heißt **surjektiv**.

Falls f beide Eigenschaften besitzt, so heißt f **bijektiv**. (Man beachte: eineindeutig ist eine altmodische Bezeichnung für bijektiv.)

Wir bezeichnen mit $f^{-1}(y)$ für $y \in Y$ die folgende Menge, die Menge aller Urbilder von y (auch die **Faser** von bzw. über y genannt):

$$f^{-1}(y) = \{ x \in X \mid f(x) = y \}$$

Man kann die Begriffe injektiv, surjektiv, bijektiv auch ganz gut mittels der Notation f^{-1} verständlich machen:

$$f \text{ ist } \begin{cases} \text{injektiv,} & \text{falls } |f^{-1}(y)| \leq 1, \text{ für alle } y \in Y \\ \text{surjektiv,} & \text{falls } |f^{-1}(y)| \geq 1, \text{ für alle } y \in Y \\ \text{bijektiv,} & \text{falls } |f^{-1}(y)| = 1, \text{ für alle } y \in Y \end{cases}$$

Die folgende Skizze verdeutlicht die Begriffe:

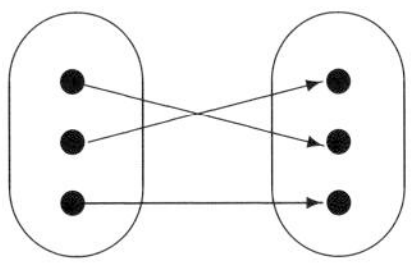

injektiv und surjektiv

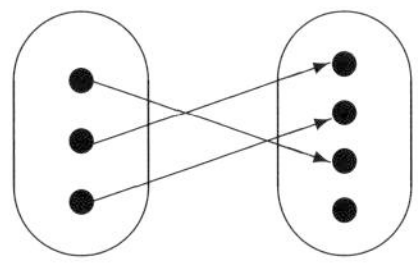

injektiv, nicht surjektiv

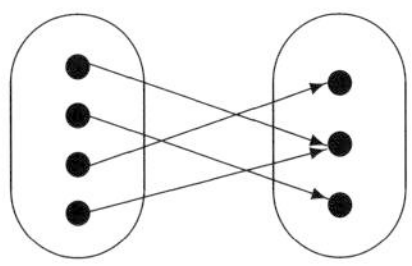

nicht injektiv, surjektiv

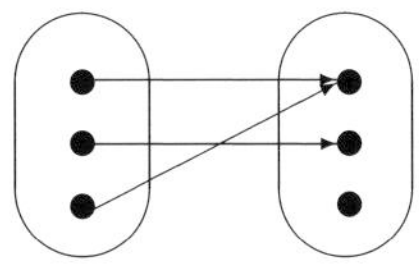

nicht injektiv, nicht surjektiv

Existiert zwischen zwei Mengen X und Y eine bijektive Funktion, so bezeichnen wir diese Mengen als **gleichmächtig**. Sind X und Y endliche Mengen, so bedeutet gleichmächtig dasselbe wie $|X| = |Y|$, insbesondere kann dann die eine Menge nicht echt in der anderen enthalten sein. Bei unendlichen Mengen stimmt diese Aussage nicht mehr. Die Menge der geraden natürlichen Zahlen ist eine echte Teilmenge der Menge aller natürlicher Zahlen, und doch sind diese beiden Mengen gleichmächtig, da die Funktion $x \mapsto x/2$ eine Bijektion zwischen den beiden Mengen darstellt (siehe auch den Abschnitt über Abzählbarkeit).

Haben wir es mit einer bijektiven Funktion $f : X \to X$ mit einer endlichen Definitions- und Wertemenge X zu tun, so spricht man von einer **Permutation**; und mit S_n bezeichnet man die Menge aller Permutationen auf n Elementen, wobei wir der Einfachheit halber annehmen, dass $X = \{1, 2, \ldots, n\}$. Es gibt genau $n!$ viele solche Permutationen, also $|S_n| = n!$.

Beispielsweise sei $f \in S_6$, wobei $f(1) = 3$, $f(2) = 4$, $f(3) = 6$, $f(4) = 2$, $f(5) = 5$, $f(6) = 1$. Man erkennt, dass die Anwendung der Funktion f in 3 Zyklen zerfällt: $f : 1 \mapsto 3 \mapsto 6 \mapsto 1$, $f : 2 \mapsto 4 \mapsto 2$ sowie $f : 5 \mapsto 5$. Daher ist eine alternative, kompakte und anschauliche Art, den Funktionsverlauf der Permutation f zu notieren, die so genannte **Zyklendarstellung**:

$$f = (1\,3\,6)\,(2\,4)\,(5)$$

Funktionen können ineinander verschachtelt werden. Schreibt man $g(f(x))$, so heißt dies, dass man auf das Argument x zunächst die Funktion f anwendet, und damit $f(x)$ erhält, und sodann auf $y = f(x)$ die Funktion g anwendet und damit $g(y) = g(f(x))$

erhält. Voraussetzung für die Zulässigkeit dieser Verknüpfungsoperation ist, dass der Wertebereich der Funktion f im Definitionsbereich der Funktion g enthalten ist. Will man der neuen Funktion, die durch diese Verknüpfung (Hintereinanderausführung, Komposition, Verkettung) von f und g entstanden ist, eine eigene Bezeichnung geben, so verwendet man $f \circ g$ (also: erst f dann g anwenden). Dies entspricht genau der Notation, vor allem auch der Reihenfolge, wie wir dies bei Relationen notiert hatten; und Funktionen sind ja auch nur spezielle Relationen. Im Vorgriff auf den Abschnitt über λ-Notation ist dann also $f \circ g = \lambda x.\, g(f(x))$. Hier ist die Schreibweise in der Literatur leider nicht einheitlich. Oft wird auch die Notation $g \circ f$ verwendet, wie es der Anordnung in der Notation $g(f(x))$ entspricht und damit irgendwie „logisch“ erscheint. Dies wird dann mit dem linguistischen Kunstgriff begründet, dass man „$g \circ f$“ ausspricht als „g nach f“.

Obwohl wir hier – nach Inspektion vieler Mathematik-Bücher – anscheinend eher die Minderheitsmeinung vertreten, wollen wir mit einem Beispiel aus der Informatik eine Lanze für unsere Notation brechen: Seien P und Q zwei Programme oder Programmabschnitte (in irgendeiner Programmiersprache). Dann bedeutet

$$P\,;\,Q$$

die Hintereinanderausführung der Programme, also erst P, dann Q. Seien $f_P, f_Q : \mathbb{N}^k \rightarrow \mathbb{N}^k$ zwei Funktionen, die die semantische Wirkung des Programms P bzw. Q auf die k Programmvariablen $x = (x_1, \ldots, x_k)$ beschreiben. Dann wird die Wirkung von $P; Q$ beschrieben durch die semantische Funktion

$$f_{P;Q}(x) \;=\; f_Q(f_P(x))$$

Man sieht also, dass gar nichts Ungewöhnliches dabei sein muss, wenn zwar zuerst P (bzw. f) angewandt wird, und dann erst Q (bzw. g), und man das auch so in dieser Reihenfolge hinschreibt, und man aber (wegen der Präfixnotation, vgl. entsprechenden Abschnitt) in der funktionalen Darstellung schreiben muss $g(f(x))$. Es ist also gar nicht nötig, sich solche linguistischen Kunststückchen wie „g nach f“ auszudenken.

Wir wollen noch eine spezielle Art von Funktionen erwähnen, die so genannten **Indikatorfunktionen**. Sei A eine Teilmenge von X. Eine Indikatorfunktion für A (auf der

Grundmenge X) ist eine Funktion $I_A : X \to \{0, 1\}$ mit

$$I_A(x) = \begin{cases} 1, & x \in A \\ 0, & x \notin A \end{cases}$$

(Manchmal wird statt Indikatorfunktion auch die Bezeichnung **charakteristische Funktion** verwendet, und die Funktion dann mit c_A oder χ_A notiert.)
Sei beispielsweise $\mathbb{N}$ die Grundmenge und P die Menge aller Primzahlen, dann können wir mittels

$$\pi(n) = \sum_{k=1}^{n} I_P(k)$$

die Anzahl der Primzahlen bis zur Zahl n zählen.
In der Informatik wird oft folgende ähnliche Notation verwendet (die so genannte Iverson-Klammer[29]). Für eine Aussage B definieren wir

$$[\, B\,] = \begin{cases} 1, & \text{Aussage } B \text{ trifft zu} \\ 0, & \text{sonst} \end{cases}$$

Analog können wir nun

$$\pi(n) = \sum_{k=1}^{n} [\, k \text{ ist Primzahl}\,]$$

schreiben.

Wir wollen noch erwähnen, dass nicht immer bei der Definition von Funktionen gefordert wird, dass es für jedes x *genau ein* $y = f(x)$ gibt; manchmal gestattet man auch *höchstens ein* y. Das heißt, für manche x kann es sein, dass es keinen dazugehörigen Funktionswert $y = f(x)$ gibt. Man spricht dann von einer **partiellen** Funktion f (auf der betreffenden Grundmenge), und sagt entweder „$f(x)$ ist undefiniert", oder schreibt, vor allem in der formalen Semantik, $f(x) = \perp$. Diese Situation kommt in der Informatik dadurch zustande, dass Algorithmen bzw. Programme, die eine Funktion berechnen, bei manchen Eingaben möglicherweise nie stoppen, und durch dieses Verhalten sozusagen zum Ausdruck bringen, dass der betreffende Funktionswert undefiniert ist. Darüber hinaus besteht das Problem, dass sich solche Stellen der Undefiniertheit im Allgemeinen nicht algorithmisch bestimmen lassen, so dass man nicht so ohne Weiteres den Definitionsbereich der betreffenden Funktion so weit einschränken kann, bis diese Funktion

[29] Nach Kenneth Eugene Iverson, Entwickler der Programmiersprache APL. Manchmal sieht man auch statt $[P]$ die Notation $\mathbf{1}_{\{P\}}$.

wieder eine **totale** Funktion (auf ihrem betreffenden Definitionsbereich) ist. Das ist der Grund dafür, dass man den Berechenbarkeitsbegriff auf partielle Funktionen ausdehnen muss. Im Kontext der Berechenbarkeitstheorie schreibt man auch $f(x) = \uparrow$ oder kurz $f(x)\uparrow$ für Undefiniertheit an der Stelle x. (In der Berechenbarkeitstheorie schreibt man auch $M(x)\downarrow$ bzw. $M(x)\uparrow$ für die Aussage, dass der Algorithmus (die Turing-Maschine[30]) M bei Eingabe x terminiert bzw. nicht terminiert.)

1.12 Strukturerhaltende Abbildungen

Der Funktionsbegriff und die diesbezüglichen Begriffe wie etwa injektiv und surjektiv haben sich nicht um die innere Struktur der aufeinander abgebildeten Mengen gekümmert. Schreibt man $f : A \to B$, so wird (bei einer totalen Funktion) jedem Element x der Menge A irgendein Element y der Menge B zugeordnet, das wir dann $y = f(x)$ nennen.

Nun könnte jedoch auf A und auf B eine „innere Struktur" vorhanden sein, etwa in dem Sinne, dass eine Relation auf A bzw. auf B definiert wurde, oder dass es eine Operation $\circ : A \times A \to A$ gibt (entsprechend auch auf B). Darüber hinaus können spezielle Elemente von A bzw. B eine Sonderrolle einnehmen, wie etwa das kleinste Element in einer partiellen Ordnung, oder das neutrale Element bei einer Gruppe.

Eine strukturerhaltende Abbildung (oder **Homomorphismus**) bildet so von A nach B ab, dass die betreffende Struktur erhalten bleibt, also dass die innere Struktur von A sich in $f(A)$ widerspiegelt. Konkret: seien etwa R und S Relationen, die auf A bzw. auf B definiert sind. Dann ist $f : A \to B$ **strukturerhaltend**, falls

$$x\,R\,x' \quad \text{gdw.} \quad f(x)\,S\,f(x')$$

Im Falle einer zweistelligen Funktion (Operation) auf A bzw. auf B muss bei einer strukturerhaltenden Funktion f gelten:

$$f(x \circ x') = f(x) * f(x')$$

Hierbei ist $\circ$ die auf A und $*$ die auf B definierte Operation.

[30]Nach Alan Mathison Turing (1912–1954), englischer Mathematiker, Kryptologe und Computeringenieur.

In ähnlicher Weise muss bei einem **Gruppenhomomorphismus** (also einer strukturerhaltenden Abbildung von einer Gruppe in eine andere) das neutrale Element der einen Gruppe auf das neutrale Element der anderen Gruppe abgebildet werden.
Haben wir es mit einer strukturerhaltenden Abbildung zwischen Vektorräumen zu tun, so dass neben der Vektoraddition in beiden Räumen auch die Multiplikation mit Skalaren erhalten bleiben, also

$$\lambda \cdot f(v) = f(\lambda \cdot v)$$

so spricht man von einer **linearen** Abbildung.
Man spricht von einer **Einbettung**, wenn f strukturerhaltend und darüber hinaus injektiv ist.
Wenn f sogar bijektiv ist, so kann man sagen, dass A und B bis auf die Bezeichnung ihrer Elemente *dieselbe innere Struktur* haben; man spricht dann von einem **Isomorphismus**.

Ein bekanntes Beispiel aus der Informatik ist die algorithmische Aufgabenstellung, bei zwei gegebenen Graphen G und H festzustellen, ob diese isomorph sind. Das heißt, es muss eine bijektive Abbildung $f : G \to H$ geben (bzw. gefunden werden), so dass für alle Knotenpaare x, y gilt: (x, y) ist *genau dann* eine Kante im Graphen G, wenn $(f(x), f(y))$ eine Kante im Graphen H ist. Wenn über die Graphen G und H keine speziellen Eigenschaften bekannt sind, so ist dieses **Graphen-Isomorphieproblem** ein schwieriges algorithmisches Problem, für das keine effizienten Algorithmen bekannt sind.

Im Abschnitt über NP-Vollständigkeit wird das Konzept der Reduktion zwischen zwei algorithmischen Entscheidungsproblemen A und B angesprochen. Dies ist eine (mit bestimmten Berechnungsressourcen berechenbare) Funktion f, so dass gilt: $x \in A$ gdw. $f(x) \in B$. Eine solche Reduktion ist auch nichts anderes als eine strukturerhaltende Abbildung, und zwar in Bezug auf die einstellige Relation „ist Element von A“ bzw. „ist Element von B“.

1.13 Abzählbar, überabzählbar

Intuitiv ist eine Menge abzählbar, wenn man ihre Elemente in eine Reihenfolge bringen und durchnummerieren kann (zumindest im Prinzip, da es sich ja um unendlich viele verschiedene Elemente handeln kann). Diejenige Menge, der man dieses intuitive Konzept der Abzählbarkeit als Erstes zugesteht, ist die Menge der natürlichen Zahlen. Diese in natürlicher Weise abzählbare Menge nimmt man sozusagen als Referenzmenge, um allgemein Abzählbarkeit zu definieren.

Wir definieren eine Menge M als **abzählbar unendlich**, wenn sie gleichmächtig wie die Menge der natürlichen Zahlen ist, also wenn es eine Bijektion zwischen M und $\mathbb{N}$ gibt. Darüber hinaus heißt eine Menge **abzählbar**, wenn sie endlich oder abzählbar unendlich ist.

Beispielsweise ist die Menge der geraden Zahlen $G \subset \mathbb{N}$ abzählbar unendlich, denn es gibt mittels $x \mapsto 2x$ bzw. $y \mapsto y/2$ eine bijektive Abbildung von $\mathbb{N}$ nach G (bzw. von G nach $\mathbb{N}$).

Man könnte den Begriff der Abzählbarkeit einer Menge M (wobei $M \neq \emptyset$) auch alternativ so definieren, dass man entweder sagt, dass es eine surjektive Funktion $f : \mathbb{N} \rightarrow M$ oder eine injektive Funktion $g : M \rightarrow \mathbb{N}$ gibt.

Die Methode, mit der man zeigen kann, dass die Menge der rationalen Zahlen abzählbar ist, nennt man **erstes Cantor'sches Diagonalverfahren**. Und zwar denkt man sich die Zahlen $p = 0, \pm 1, \pm 2, \ldots$ und $q = 1, 2, \ldots$, mit deren Hilfe man die rationalen Zahlen als Brüche $\frac{p}{q}$ schreiben kann, systematisch in Form einer unendlichen Matrix angeordnet. Diese Matrix durchläuft man nun vom Ursprung beginnend systematisch mäanderförmig, so dass man jede Position dieser Matrix nach einer geeigneten Schrittzahl n einmal besucht.

Skizze:

$$
\begin{array}{ccccccccccc}
\frac{-3}{1} & & \frac{-2}{1} & \leftarrow & \frac{-1}{1} & & \frac{0}{1} & & \frac{1}{1} & \rightarrow & \frac{2}{1} \\
\uparrow & & \downarrow & & \uparrow & & \downarrow & & \uparrow & & \downarrow \\
\frac{-3}{2} & & \frac{-2}{2} & & \frac{-1}{2} & \leftarrow & \frac{0}{2} & & \frac{1}{2} & & \frac{2}{2} \\
\uparrow & & \downarrow & & & & & & \uparrow & & \downarrow \\
\frac{-3}{3} & & \frac{-2}{3} & \rightarrow & \frac{-1}{3} & \rightarrow & \frac{0}{3} & \rightarrow & \frac{1}{3} & & \frac{2}{3} \\
\uparrow & & & & & & & & & & \downarrow \\
\frac{-3}{4} & \leftarrow & \frac{-2}{4} & \leftarrow & \frac{-1}{4} & \leftarrow & \frac{0}{4} & \leftarrow & \frac{1}{4} & \leftarrow & \frac{2}{4}
\end{array}
$$

Durch diese Nummerierung aller Zahlen der Form $\frac{p}{q}$ erhalten wir eine surjektive Abbildung von $\mathbb{N}$ in die Menge der rationalen Zahlen; diese unendliche Menge ist also abzählbar.

Eine Menge von mathematischen Objekten, die sich als endliche Wörter über einem endlichen Alphabet A (zum Beispiel dem ASCII-Zeichensatz[31]) beschreiben lassen, also Grammatiken, Automaten, Turing-Maschinen, Formeln, Listen, usw. ist immer eine abzählbare Menge. Dies liegt einfach daran, dass sich die Menge aller Wörter über A systematisch durchnummerieren lässt (aufsteigend nach Wortlänge, und innerhalb derselben Wortlänge nach irgendeiner Systematik, z.B. gemäß lexikographischer Ordnung). Und „systematisch durchnummeriert werden können" heißt nichts anderes als abzählbar zu sein. Ähnliches gilt für Mengen, die mittels „Punkt-Punkt-Punkt" oder über eine induktive Definition eingeführt werden, sofern sie auf endlichen oder abzählbaren Ausgangsmengen basieren. Solche Mengen sind immer abzählbar.

Eine Menge M heißt **überabzählbar**, wenn sie nicht abzählbar ist. Der Nachweis, dass die Menge der reellen Zahlen überabzählbar ist, erfolgt im Abschnitt „Diagonalisierung". [32]

1.14 Wahrscheinlichkeit

In diesem Abschnitt sollen einige grundsätzliche Notationen und Zugänge zum mathematischen Begriff der Wahrscheinlichkeit beschrieben werden.
Wir unterscheiden zwischen dem Konzept der Wahrscheinlichkeit auf so genannten diskreten Grundmengen und kontinuierlichen Grundmengen.
Wir beginnen zunächst mit dem diskreten Fall. Ein (diskreter) **Wahrscheinlichkeitsraum** ist eine Struktur (Ω, P), wobei $\Omega = \{e_1, e_2, e_3, \ldots\}$.[33] Die Elemente e_i von Ω nennt man **Elementarereignisse** und Ω den **Ereignis-** oder **Ergebnisraum**. Jedem Elementarereignis $e \in \Omega$ wird eine **Wahrscheinlichkeit** $P(e)$ zugeordnet.[34] Es müssen folgende Axiome gelten: $0 \leq P(e) \leq 1$ und $\sum_{e \in \Omega} P(e) = 1$.
Beispiel: Das Zufallsexperiment „Würfeln" lässt sich durch folgenden Wahrscheinlichkeitsraum (Ω, P) beschreiben, wobei $\Omega = \{1, 2, 3, 4, 5, 6\}$ und $P(1) = P(2) = P(3) = P(4) = P(5) = P(6) = \frac{1}{6}$. Ein Falschspieler oder Zauberkünstler verwen-

[31] ASCII = American Standard Code for Information Interchange; Computer-Zeichensatz bestehend aus 128 Zeichen.

[32] Die reellen Zahlen $\mathbb{R}$ (auch Kontinuum genannt) haben also eine größere unendliche Mächtigkeit als die Mächtigkeit der natürlichen Zahlen. Die Kontinuumshypothese (von Cantor) besagt, dass es zwischen der Mächtigkeit von $\mathbb{N}$ und der Mächtigkeit von $\mathbb{R}$ keine anderen Mächtigkeiten gibt.

[33] Diese Punkt-Punkt-Punkt Schreibweise für Ω impliziert, dass Ω eine abzählbare Menge ist. Dies ist gerade das Charakteristikum für einen *diskreten* Wahrscheinlichkeitsraum.

[34] Wahrscheinlichkeiten werden manchmal statt mit P auch mit Pr oder W bezeichnet.

det möglicherweise einen Würfel, der ein Bleigewicht enthält. Für diesen könnte gelten: $P(6) = 0.95$, $P(1) = P(2) = P(3) = P(4) = P(5) = 0.01$. Nach diesem kurzen Einschub kehren wir im Folgenden aber wieder zu dem „fairen“ Würfel zurück. Einen solchen nennt man auch Laplace-Würfel,[35] und generell versieht man die Bezeichnung eines Wahrscheinlichkeitsraums oder Zufallsexperiments mit dem Vorsatz „Laplace-“, wenn die betreffenden Wahrscheinlichkeiten alle gleich groß sind, denn Laplace stellte die These auf, man solle bei einem Zufallsexperiment von gleichen Wahrscheinlichkeiten ausgehen, solange man kein besseres Wissen über das Experiment habe.

Eine Teilmenge $E \subseteq \Omega$ nennen wir ein **Ereignis**. Wir setzen die Definition von P auf Ereignisse fort[36], indem wir festlegen: $P(E) = \sum_{e \in E} P(e)$.

Aus den axiomatischen Forderungen, was P betrifft, ergeben sich sofort einige Eigenschaften. Zum Beispiel gilt $P(\emptyset) = 0$ und $P(\Omega) = 1$. Ferner folgt für das Komplementärereignis $\overline{E} = \Omega \setminus E$, dass $P(\overline{E}) = 1 - P(E)$. Für disjunkte Ereignisse $A, B \subseteq \Omega$ gilt $P(A \mathbin{\dot{\cup}} B) = P(A) + P(B)$. Für beliebige, nicht notwendigerweise disjunkte Ereignisse A, B gilt: $P(A \cup B) = P(A) + P(B) - P(A \cap B)$, vgl. auch den Abschnitt über Inklusion und Exklusion.

Des Weiteren nennen wir zwei Ereignisse A und B (stochastisch) **unabhängig**, falls $P(A \cap B) = P(A) \cdot P(B)$. Beispielsweise sind beim Würfeln das Ereignis „Zahl ist kleiner-gleich 4“, das man durch $A = \{1, 2, 3, 4\}$ darstellen kann, und das Ereignis „Zahl ist gerade“, das man durch $B = \{2, 4, 6\}$ darstellen kann, unabhängig, denn es gilt einerseits $P(A \cap B) = P(\{2, 4\}) = \frac{1}{3}$, und andererseits $P(A) \cdot P(B) = \frac{2}{3} \cdot \frac{1}{2} = \frac{1}{3}$. Dagegen sind zum Beispiel $A = \{1, 2\}$ und $B = \{1, 2, 3\}$ nicht unabhängig.

Betrachten wir ein etwas komplexeres Beispiel; wir würfeln mit zwei Würfeln. Dann ist $\Omega = W \times W$, wobei $W = \{1, 2, 3, 4, 5, 6\}$. Ferner ist $P((i, j)) = \frac{1}{36}$ für alle $(i, j) \in \Omega$. Nun könnte man an der gewürfelten Augensumme, also $i+j$, interessiert sein. Das heißt, wir wollen dem Elementarereignis $(i, j) \in \Omega$ eine einzelne (im Allgemeinen reelle) Zahl zuordnen. Dies ist dann also eine Funktion $X : \Omega \to \mathbb{R}$, wobei in diesem Beispiel $X((i, j)) = i + j$ ist. Eine solche reellwertige Funktion nennt man **Zufallsvariable**, wobei in diesem Kontext die Konvention besteht, die Zufallsvariable (hier: X) groß zu

[35] Nach Pierre Simon Laplace (1749–1827).

[36] Das heißt, wir erweitern den Definitionsbereich von P und ergänzen die bisherige Definition von P „sinnvoll“ auf den vergrößerten Definitionsbereich. In diesem Fall wird die Anwendung von P von einzelnen Elementen aus Ω auf Teilmengen von Ω ausgeweitet.

schreiben. Man kann nun eine Liste aufstellen, die angibt, mit welcher Wahrscheinlichkeit die Zufallsvariable X einen bestimmten Wert $x \in \mathbb{R}$ annimmt. (Dies nennt man dann eine **Realisierung** der Zufallsvariablen X.) Beispielsweise entspricht „$X = 6$" dem Ereignis $\{(1,5),(2,4),(3,3),(4,2),(5,1)\}$ und hat die Wahrscheinlichkeit $\frac{5}{36}$. Das heißt, man rechnet folgendermaßen:

$$P(X = x) = \sum_{e \in \Omega : X(e) = x} P(e)$$

Das folgende Diagramm skizziert die Situation:

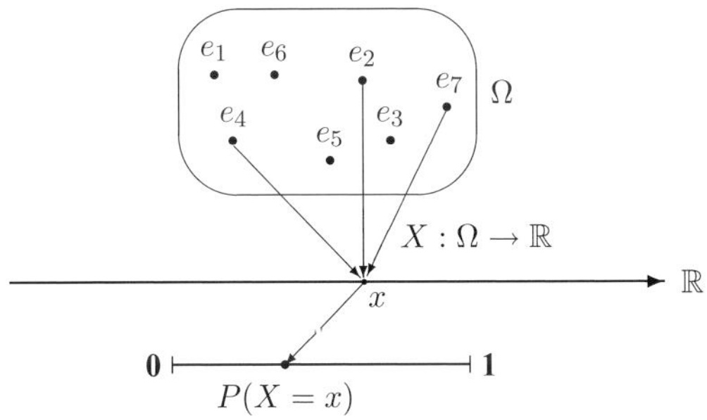

Die vollständige Liste aller möglichen Realisierungen der Zufallsvariablen X mit deren zugeordneten Wahrscheinlichkeiten sieht dann bei dem Zufallsexperiment mit zwei Würfeln folgendermaßen aus:

$x =$	2	3	4	5	6	7	8	9	10	11	12
$P(X = x) =$	$\frac{1}{36}$	$\frac{2}{36}$	$\frac{3}{36}$	$\frac{4}{36}$	$\frac{5}{36}$	$\frac{6}{36}$	$\frac{5}{36}$	$\frac{4}{36}$	$\frac{3}{36}$	$\frac{2}{36}$	$\frac{1}{36}$

Dies nennt man die **Wahrscheinlichkeitsverteilung** der Zufallsvariablen X. Je nach zugrunde liegendem Zufallsexperiment und Definition der Zufallsvariablen ergeben sich verschiedene typische, immer wieder auftretende Wahrscheinlichkeitsverteilungen (nur die jeweiligen Parameter ändern sich), so dass man durch generelles Studium der Eigenschaften dieser Wahrscheinlichkeitsverteilungen[37] in der Wahrscheinlichkeitstheorie bereits eine nützliche „Toolbox" geschaffen hat, mit der viele konkrete Fallbeispiele unmittelbar erfasst werden können.

Eine sehr häufig auftretende Verteilung ist die **Binomialverteilung**: Wir führen n-mal ein Zufallsexperiment durch, das jedes Mal mit Wahrscheinlichkeit p „Erfolg" (dargestellt durch 1) haben kann bzw. mit Wahrscheinlichkeit $1 - p$ „Misserfolg" (dargestellt

[37] Zum Beispiel Gleichverteilung, Binomialverteilung, Poisson-Verteilung, geometrische Verteilung, hypergeometrische Verteilung, etc.

durch 0). Dies nennt man auch ein Bernoulli-Experiment[38]. Die Zufallsvariable X soll nun als Wert die Anzahl der Erfolge annehmen. Es gibt $\binom{n}{k}$ viele 0-1-Folgen der Länge n, in denen genau k mal eine 1 vorkommt. Jede dieser Folgen hat Wahrscheinlichkeit $p^k \cdot (1-p)^{n-k}$. Somit gilt für diese (n,p)-binomialverteilte Zufallsvariable X:

$$P(X = k) = \binom{n}{k} \cdot p^k \cdot (1-p)^{n-k}$$

Denjenigen Wert, den die Zufallsvariable X „im Mittel“, gewichtet nach den betreffenden Wahrscheinlichkeiten, annimmt, nennt man den **Erwartungswert**[39] und bezeichnet diesen mit $E(X)$:

$$E(X) = \sum_x P(X = x) \cdot x$$

Die Summe durchläuft hier diejenigen reellen Werte x, die die Zufallsvariable X annehmen kann. Bei unserem obigen 2-Würfel-Beispiel ergibt sich

$$\begin{aligned} E(X) &= \tfrac{1}{36} \cdot 2 + \tfrac{2}{36} \cdot 3 + \tfrac{3}{36} \cdot 4 + \tfrac{4}{36} \cdot 5 + \tfrac{5}{36} \cdot 6 + \tfrac{6}{36} \cdot 7 \\ &\quad + \tfrac{5}{36} \cdot 8 + \tfrac{4}{36} \cdot 9 + \tfrac{3}{36} \cdot 10 + \tfrac{2}{36} \cdot 11 + \tfrac{1}{36} \cdot 12 \\ &= 7 \end{aligned}$$

Eine wichtige Eigenschaft, die auch beweistechnisch oft nützlich ist, ist die Linearität des Erwartungswertoperators: Seien X, Y beliebige Zufallsvariablen (über demselben Wahrscheinlichkeitsraum Ω) und $a, b \in \mathbb{R}$. Dann gilt $E(aX + bY) = aE(X) + bE(Y)$.

Sei $\mu = E(X)$ der Erwartungswert einer Zufallsvariablen X (sofern dieser existiert, also sofern die betreffende Summe konvergiert). Dann definiert man als Maß für die Abweichung vom Erwartungswert die **Varianz** von X durch[40]

$$V(X) = E((X - \mu)^2) = \sum_x P(X = x) \cdot (x - \mu)^2$$

Für das obige Beispiel ergibt sich:

$$\begin{aligned} V(X) &= \tfrac{1}{36} \cdot (2-7)^2 + \tfrac{2}{36} \cdot (3-7)^2 + \tfrac{3}{36} \cdot (4-7)^2 + \tfrac{4}{36} \cdot (5-7)^2 \\ &\quad + \tfrac{5}{36} \cdot (6-7)^2 + \tfrac{6}{36} \cdot (7-7)^2 + \tfrac{5}{36} \cdot (8-7)^2 + \tfrac{4}{36} \cdot (9-7)^2 \\ &\quad + \tfrac{3}{36} \cdot (10-7)^2 + \tfrac{2}{36} \cdot (11-7)^2 + \tfrac{1}{36} \cdot (12-7)^2 \\ &= 5.8\overline{3} \end{aligned}$$

[38] Nach Jakob Bernoulli (1664–1705).

[39] Wird manchmal auch mit eckigen Klammern oder ohne Klammern geschrieben: $E[X]$ bzw. $\mathbf{E}X$. In der statistischen Physik schreibt man auch $\langle X \rangle$.

[40] Auch mit $Var(X)$ oder mit σ^2 bezeichnet. Die Quadratwurzel der Varianz, also σ, bezeichnet man auch als Streuung oder Standardabweichung.

Mit Hilfe der Linearität des Erwartungswertoperators rechnet man nach:

$$V(X) = E((X-\mu)^2) = E(X^2 - 2X\mu + \mu^2) = E(X^2) - 2\mu^2 + \mu^2 = E(X^2) - \mu^2$$

Rechnen wir mit Hilfe dieser Formel die Varianz für das obige Beispiel noch einmal aus:

$$\begin{aligned} V(X) &= (\tfrac{1}{36}\cdot 2^2 + \tfrac{2}{36}\cdot 3^2 + \tfrac{3}{36}\cdot 4^2 + \tfrac{4}{36}\cdot 5^2 \\ &\quad + \tfrac{5}{36}\cdot 6^2 + \tfrac{6}{36}\cdot 7^2 + \tfrac{5}{36}\cdot 8^2 + \tfrac{4}{36}\cdot 9^2 \\ &\quad + \tfrac{3}{36}\cdot 10^2 + \tfrac{2}{36}\cdot 11^2 + \tfrac{1}{36}\cdot 12^2) - 7^2 \\ &= 5.8\overline{3} \end{aligned}$$

In vielen Anwendungen im Ingenieur- oder Informatik-Kontext steht das Konzept der Zufallsvariablen im Mittelpunkt, und es wird – ohne zuvor einen Wahrscheinlichkeitsraum definiert zu haben – die Zufallsvariable mit ihrer Verteilung eingeführt und damit dann weiter gearbeitet.

In Informatik-Anwendungen treten Zufallsvariablen oft als Laufzeiten von Algorithmen auf (entweder, weil der Algorithmus selbst stochastisch ist, also Zufallszahlen verwendet, oder weil man die Eingabe für den Algorithmus zufällig auswählt). Nehmen wir als Beispiel an, ein bestimmter Algorithmus bestehe aus genau einer Schleife. Nach jedem Schleifendurchgang wird mit Wahrscheinlichkeit p die Schleife beendet, oder mit Wahrscheinlichkeit $1-p$ die Schleife fortgesetzt. Diese Entscheidungen, ob die Schleife beendet oder fortgesetzt wird, werden jeweils stochastisch unabhängig getroffen. Sei X eine Zufallsvariable, die die Anzahl der Schleifendurchgänge angibt[41]. Dann gilt für jedes $k \in \mathbb{N}$, dass $P(X=k) = (1-p)^{k-1}\cdot p$. Damit ergibt sich

$$E(X) = \sum_{k=1}^{\infty} (1-p)^{k-1}\cdot p \cdot k$$

Diese unendliche Summe ist zwar auch nicht allzu schwer zu berechnen (und ergibt sich zu $1/p$), aber man kann mit einem kleinen Trick den gesuchten Erwartungswert, nennen wir ihn μ, einfacher ermitteln. Mit Wahrscheinlichkeit p ergibt sich nur ein Schleifendurchlauf; mit Wahrscheinlichkeit $1-p$ haben wir einen Schleifendurchlauf gemacht, und da sich danach die Sachlage nicht geändert hat, ergeben sich im Erwartungswert dann immer noch μ Schleifendurchläufe. Diese Überlegung führt zu der Gleichung

$$\mu = p\cdot 1 + (1-p)\cdot(1+\mu)$$

[41]Man nennt eine solche Zufallsvariable auch geometrisch verteilt.

die die Lösung $\mu = 1/p$ hat.

In vielen Anwendungen ist es wichtig und notwendig, dass man kontinuierliche Zufallsvariablen betrachtet; zum Beispiel möchte man die Lebensdauer einer Glühlampe als eine Zufallsvariable modellieren, welche beliebige reelle Zahlen als Werte annehmen kann. Man könnte also $\Omega = \mathbb{R}$ als die Grundmenge des zugrunde liegenden Wahrscheinlichkeitsraums ansehen. Das kann man zwar grundsätzlich so machen, nur müssen die zuvor diskutierten Konzepte nochmals neu überdacht werden. Um die Wahrscheinlichkeitswerte, die mit einer Zufallsvariablen X assoziiert sind, berechnen zu können, tritt nun anstelle der Angabe einzelner $P(e_i)$-Werte die so genannte **Dichtefunktion** $f_X : \mathbb{R} \to \mathbb{R}$, deren Funktionswerte nicht negativ sein dürfen. Ferner muss f_X integrierbar sein, und anstelle des Axioms $\sum_{e \in \Omega} P(e) = 1$ haben wir nun das neue Axiom:

$$\int_{-\infty}^{\infty} f_X(t)dt = 1$$

Das prominenteste Beispiel für eine Dichtefunktion ist die, die der Gauß'schen **Normalverteilung**[42] („Glockenkurve") zugeordnet ist:

$$f_X(x) = \frac{1}{\sqrt{2\pi\sigma^2}} \cdot e^{-\frac{(x-\mu)^2}{2\sigma^2}}$$

Hierbei kann durch Wahl der Parameter μ und σ^2 der Erwartungswert und die Varianz (die man entsprechend auch im kontinuierlichen Fall definieren kann[43]) festgelegt werden. Der folgende Funktionsgraph skizziert die Dichtefunktion der Normalverteilung mit $\mu = 0$ und $\sigma^2 = 1$.

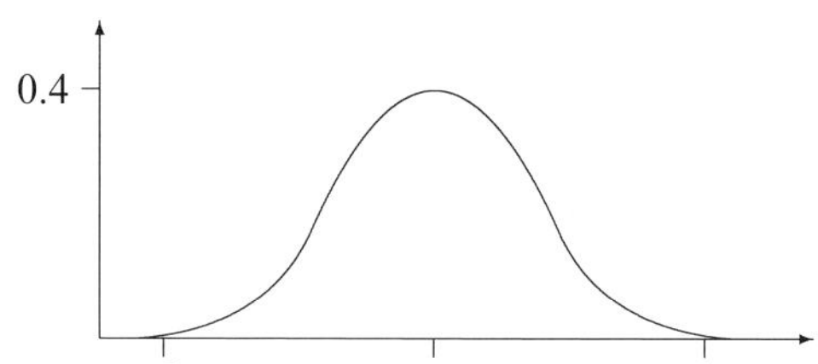

Durch die Schreibweise $X \sim \mathcal{N}(\mu, \sigma^2)$ drücken wir aus, dass X eine Zufallsvariable ist, die der Normalverteilung genügt mit dem Erwartungswert μ und der Varianz σ^2.

[42] Carl Friedrich Gauß (1777–1855).
[43] $E(X) = \mu = \int_{-\infty}^{\infty} xf(x)dx$ und $V(X) = \sigma^2 = \int_{-\infty}^{\infty} (x-\mu)^2 f(x)dx$.

Für viele Anwendungen geht man davon aus, dass der Wert einer Zufallsvariablen X durch viele unabhängige Einflüsse zustande kommt. Der **zentrale Grenzwertsatz** besagt, dass in einem solchen Fall die Zufallsvariable X (nahezu) normalverteilt ist. Genauer: Seien $X_1, \ldots, X_n$ unabhängige und identisch verteilte (engl: **iid** = independent and identically distributed) Zufallsvariablen mit Erwartungswert μ und Varianz σ^2, dann gilt:

$$\frac{X_1 + \cdots + X_n - n\mu}{\sqrt{n\sigma^2}} \sim \mathcal{N}(0,1)$$

Ereignisse verstehen wir nun in diesem kontinuierlichen Fall als Intervalle $I \subseteq \mathbb{R}$ (oder als Vereinigungen und Schnitte[44] von Intervallen) und definieren

$$P(I) = \int_I f_X(t)dt$$

Im diskreten Fall hat man beliebige Teilmengen des (abzählbaren) Ereignisraums Ω als Ereignisse verstanden. Es zeigt sich aber im kontinuierlichen Fall, dass man nicht jeder Teilmenge von $\mathbb{R}$ sinnvoll eine Wahrscheinlichkeit zuordnen kann. Aus diesem Grund wurde hier bereits die Einschränkung auf Intervalle und deren Vereinigungen und Schnitte als die Menge der zulässigen Ereignisse festgelegt (was man **Borel-Algebra** oder Borel'sche σ-Algebra[45] nennt).
Zur Dichtefunktion f_X heißt dann $P(X \leq x) = \int_{-\infty}^{x} f_X(t)\, dt$ die Verteilungsfunktion der Zufallsvariablen X. Die Verteilungsfunktion von $X \sim \mathcal{N}(0,1)$, also

$$\Phi(x) = \int_{-\infty}^{x} \frac{1}{\sqrt{2\pi}} \cdot e^{-t^2/2}\, dt$$

lässt sich zwar nicht analytisch angeben, kann aber gut numerisch berechnet bzw. in entsprechenden Tabellen nachgeschlagen werden.

Der oben diskutierte Fall eines diskreten Wahrscheinlichkeitsraums und der Fall einer reellwertigen Zufallsvariablen mit integrierbarer Dichtefunktion und Borel-Algebra als Ereignismenge reicht für alle nur denkbaren realen Anwendungen aus. Man kann im Sinne einer konsequent axiomatischen Definition das Konzept eines Wahrscheinlichkeitsraums noch weiter verallgemeinern. (Dieser axiomatische Ansatz geht auf Kolmogorov zurück.) Bei dieser axiomatischen Definition wird ein Wahrscheinlichkeitsraum definiert

[44] Genauer: endliche oder abzählbare Vereinigungen/Schnitte.
[45] Nach Emile Borel (1871–1956).

durch eine algebraische Struktur $(\Omega, \mathcal{A}, P)$, wobei $\mathcal{A} \subseteq \mathcal{P}(\Omega)$ die Menge der zulässigen Ereignisse darstellt. Dieses Mengensystem muss die Axiome einer **σ-Algebra** erfüllen.[46] Ferner muss $P : \mathcal{A} \to [0,1]$ die folgenden Axiome erfüllen: $P(\Omega) = 1$ und $P(\bigcup_{i=1}^{\infty} A_i) = \sum_{i=1}^{\infty} P(A_i)$ für beliebige disjunkte Ereignisse $A_1, A_2, \ldots \in \mathcal{A}$. Für die weitere Fortführung dieser Begriffe muss man schließlich noch das Konzept der **Messbarkeit** und **Lebesgue-Integrale**[47] einführen, was wir hier nicht weiter vertiefen wollen.

Eine Fortführung und Anwendung findet die Wahrscheinlichkeitstheorie in der (induktiven) **Statistik**. Hier geht es (unter anderem) darum, dass man aus einer gegebenen Stichprobe von Werten, die bei einem realen Zufallsexperiment entstanden sind, unter der plausiblen Annahme, dass dieses Zufallsexperiment einer bestimmten Wahrscheinlichkeitsverteilung gehorcht (z.B. Normalverteilung), versucht, die unbekannten Parameter dieser Verteilung, wie Erwartungswert und Varianz, zu bestimmen, genauer gesagt: zu schätzen.

Um den Erwartungswert E empirisch zu schätzen, bietet es sich an, den Mittelwert der n Stichprobenwerte $x_1, \ldots, x_n$ zu nehmen:

$$\tilde{E} = \frac{1}{n} \cdot \sum_{i=1}^{n} x_i$$

Tatsächlich lässt sich nachweisen, dass der Erwartungswert von $\tilde{E}$, welches selber eine Zufallsvariable ist, mit dem Erwartungswert, der geschätzt werden soll, übereinstimmt. Man spricht von einer **erwartungstreuen** Schätzung.

Eine entsprechende erwartungstreue Schätzung für die Varianz V ist durch folgende Formel gegeben:

$$\tilde{V} = \frac{1}{n-1} \cdot \sum_{i=1}^{n} (x_i - \tilde{E})^2$$

Das heißt, die generelle Ausgangslage ist in der Statistik eine andere als in der Wahrscheinlichkeitsrechnung. In der Wahrscheinlichkeitsrechnung analysieren wir beispielsweise das Zufallsexperiment „Ziehe eine Kugel aus einer Urne", wobei bekannt ist, wie viele rote und wie viele schwarze Kugeln in der Urne sind. In der Statistik ist der Anteil der roten Kugeln unbekannt. Es wird ein Zufallsexperiment ausgeführt – also eine

[46]Das heißt, $\mathcal{A}$ muss Ω als ein Element enthalten, und muss ferner unter Komplementbildung und abzählbaren Vereinigungen abgeschlossen sein.

[47]Nach Henri Lebesgue (1875–1941).

Stichprobe wird gezogen – und man schließt aufgrund des eingetretenen Ereignisses auf den Anteil eben dieser roten Kugeln. Dies führt dann zu zwei möglichen Situationen, einerseits zu einer Schätzung (Punktschätzung: „Wie viele rote Kugeln befinden sich in der Urne?“ oder Intervallschätzung: „In welchem Intervall befindet sich der Anteil der roten Kugeln?”), andererseits zum Testen von vornherein bestehenden Vermutungen (Hypothesen) über den Anteil der roten Kugeln in der Urne. Es wird dann entschieden, welche Hypothesen man als bestätigt ansieht oder welche man verwirft, und mit welcher Sicherheit dieses Urteil ausgesprochen wird.

1.15 Logische Operationen

In der klassischen Logik ist eine Aussage entweder **wahr** oder **falsch**.[48] Logische Verknüpfungen (auch Satzoperatoren oder Junktoren) können darüber hinaus vorhandene Aussagen zu neuen Aussagen kombinieren. Die Operatoren der logischen Verknüpfung werden Boole'sche Operatoren genannt, und der systematische Umgang mit diesen Operatoren mittels Umformungsregeln heißt auch **Boole'sche Algebra**.

Der einfachste Operator ist hierbei die Verneinung oder Negation einer Aussage. Diese **Negation** der Aussage A wird durch die folgenden Formelzeichen dargestellt: $\neg A$, $\sim A$, $\bar{A}$, oder auch $\mathrm{NOT}(A)$. Wenn A wahr ist, dann ist $\neg A$ falsch, und umgekehrt.

Verbindungen zwischen zwei Aussagen A und B (zweistellige Verknüpfungen) werden meist sprachlich durch die Worte: UND, ODER, WENN-DANN, ENTWEDER ODER, GENAU DANN-WENN dargestellt:

Name	Satz	Symbol
Konjunktion	A und B	$A \wedge B$; $A \& B$; A AND B; A,B; $A \cdot B$; AB
Disjunktion	A oder B	$A \vee B$; A OR B, $A + B$
Implikation	wenn A, dann B	$A \rightarrow B$; $A \Rightarrow B$; $A \supset B$
Antivalenz	entweder A oder B	$A \oplus B$; A XOR B; $A \not\Leftrightarrow B$; $A \bowtie B$
Äquivalenz	A genau dann, wenn B	$A \leftrightarrow B$; $A \Leftrightarrow B$

Speziell $A \rightarrow B$ wird oft noch durch folgende Formulierungen ausgedrückt: A impliziert B, aus A folgt B, A ist hinreichend für B, B ist notwendig für A. Die Implikation

[48] In nicht-klassischen Logiken können Aussagen auch „ein bisschen falsch“ oder „ziemlich richtig“ sein (Fuzzy Logic); bzw. Aussagen können „irgendwann“ gelten (temporale Logik); oder Aussagen können möglicherweise oder notwendigerweise gelten (Modallogik).

$A \to B$ kann außerdem noch äquivalent durch $\neg A \vee B$ dargestellt werden. (Zum Äquivalenzbegriff von Boole'schen Formeln siehe weiter unten.) Bei einer solchen Implikation $A \to B$ heißt dann A die **Prämisse** oder **Voraussetzung** und B heißt die **Konklusion** oder **Behauptung**. Die **Umkehrung** der Implikation $A \to B$ ist die Implikation $B \to A$. (Diese beiden Formeln $A \to B$ und $B \to A$ sind aber keineswegs äquivalent.) Dagegen ist die so genannte **Kontraposition** $\neg B \to \neg A$ äquivalent zu $A \to B$ (siehe auch den Abschnitt über den indirekten Beweis).

Im angelsächsischen Sprachraum trifft man gelegentlich – vor allem bei mathematischen Tafelanschrieben – das aus drei Punkten bestehende Symbol $\therefore$ das als „therefore"-Symbol bezeichnet wird. Das heißt, man kann dies als eine logische Implikation im Hinblick auf den nachfolgenden Text betrachten.

Im Unterschied dazu ist $\because$ das „because"-Symbol, welches also gerade eine Implikation in Rückwärtsrichtung andeutet.

Weiterhin beschreibt man die Äquivalenz $A \leftrightarrow B$ oft durch die folgenden Formulierungen: A und B sind äquivalent, A ist notwendig und hinreichend für B, A gilt dann und nur dann, wenn B, A genau dann wenn B. Dieses „genau dann wenn" wird oftmals abgekürzt als „gdw". (Im Englischen gibt es hierfür die Abkürzung „iff", manchmal auch „iffi", die „if and only if" bedeuten soll.) Die Äquivalenz kann logisch äquivalent auch durch $(A \to B) \wedge (B \to A)$ bzw. durch $(\neg A \vee B) \wedge (A \vee \neg B)$ oder auch durch $(A \wedge B) \vee (\neg A \wedge \neg B)$ dargestellt werden.

Nachfolgend ist die Wahrheitstafel für die angegebenen logischen Operationen (auch Junktoren genannt) dargestellt. Die beiden Zustände (oder Wahrheitswerte) **wahr** und **falsch** sind durch **T** (true) und **F** (falsch, false) repräsentiert. In der Boole'schen Algebra werden für diese Wahrheitswerte die Repräsentationen **1** und **0** verwendet. Zusätzlich zu den Operationen NOT, AND, OR sind in der Digitaltechnik NAND (not and) und NOR (not or) die gängigsten Grundschaltungen. Gelegentlich findet man die Bezeichnung Sheffer-Funktion[49] für NAND und Peirce-Funktion[50] für NOR. Ferner werden für diese Operationen gelegentlich die Symbole $\uparrow$ und $\downarrow$ verwendet.

---

[49] Nach Henry Maurice Sheffer (1882–1964).
[50] Nach Charles Sanders Peirce (1839–1914).

A	B	$A \wedge B$	$A \vee B$	$A \rightarrow B$	A $\oplus$ B	$A \leftrightarrow B$	NAND(A, B)	NOR(A, B)
T	T	T	T	T	F	T	F	F
T	F	F	T	F	T	F	T	F
F	T	F	T	T	T	F	T	F
F	F	F	F	T	F	T	T	T

In der Digitaltechnik verwendet man folgende Schaltzeichen für die bekanntesten logischen Operationen, die man auch **logische Gatter** nennt (wobei auch andere Symbole gebräuchlich sind, etwa diejenigen nach DIN 40 900).

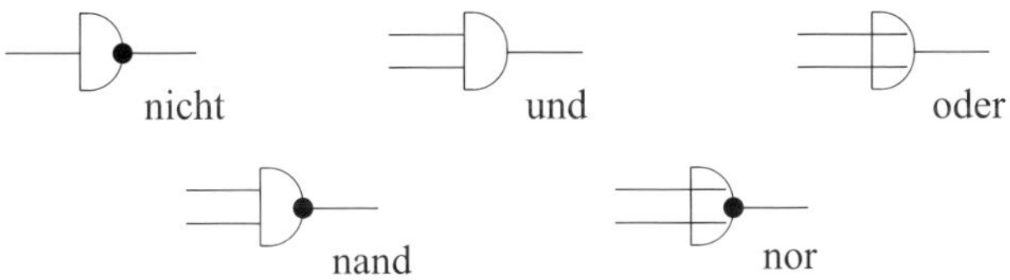

Sei $\{f_1, \ldots, f_k\}$ eine Menge von Boole'schen Funktionen. Dann nennen wir diese Menge eine **vollständige Basis**, wenn jede beliebige Boole'sche Funktion $f : \{0,1\}^n \rightarrow \{0,1\}$ durch Verwenden der Funktionen $f_1, \ldots, f_k$ (und ggf. der Konstanten 0 und 1) dargestellt werden kann. Beispielsweise ist $\{\wedge, \vee, \neg\}$ eine vollständige Basis. Dies liegt daran, dass jede Boole'sche Funktion in so genannter disjunktiver Normalform (als Oder-Verknüpfung von Und-Verknüpfungen von (ggf. negierten) Variablen), kurz DNF, dargestellt werden kann. (Analoges gilt für die so genannte konjunktive Normalform, kurz KNF). Diese Normalform-Darstellungen erfordern lediglich die Oder-, Und-, Nicht-Verknüpfungen. Tatsächlich ist bereits $\{\wedge, \neg\}$ bzw. $\{\vee, \neg\}$ eine vollständige Basis, denn die „fehlende" Oder- bzw. Und-Verknüpfung kann durch die anderen beiden vermittels der deMorgan'schen Regel (siehe weiter unten) dargestellt werden:

$$x \vee y = \neg(\neg x \wedge \neg y) \qquad x \wedge y = \neg(\neg x \vee \neg y)$$

Man kann noch einen Schritt weiter gehen: bereits $\{nor\}$ bzw. $\{nand\}$ sind vollständige Basen. Dies ist technologisch interessant, kann man doch mit einem einzigen Bausteintyp betreits alle Boole'schen Funktionen darstellen.

Ein Perzeptron, wie es im Abschnitt über Matrizen beschrieben wurde, kann durch Wahl der Gewichte w_i und des Schwellenwertes t so „programmiert" werden, dass alle hier beschriebenen Boole'schen Funktionen (bis auf $\oplus$ und $\leftrightarrow$, vgl. den Abschnitt über Polynomifizierung) berechnet werden können. Beispielsweise berechnet folgendes Perzeptron die Nand-Funktion:

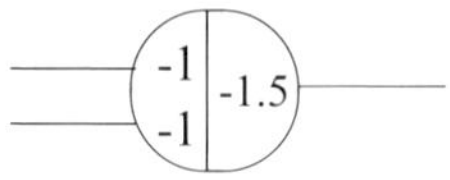

Zwei aussagenlogische Formeln F und G nennen wir **äquivalent**, wenn sie unter allen möglichen Wahrheitswertebelegungen denselben Wert (T oder F) annehmen. Wie in den sonstigen Bereichen der Mathematik verwenden wir das Gleichheitszeichen, um Äquivalenz in diesem Sinne auszudrücken[51]. Einige bekannte Umformungsregeln für aussagenlogische (oder Boole'sche) Formeln (die sinngemäß auch in der Mengenalgebra gelten, also $\wedge, \vee$ ersetzt durch $\cap, \cup$) sind die Folgenden:

$$\begin{array}{rcll} F \wedge (G \vee H) & = & (F \wedge G) \vee (F \wedge H) & \\ F \vee (G \wedge H) & = & (F \vee G) \wedge (F \vee H) & \textbf{Distributivgesetze} \\ F \wedge (F \vee G) & = & F & \\ F \vee (F \wedge G) & = & F & \textbf{Absorptionsgesetze} \\ \neg(F \vee G) & = & \neg F \wedge \neg G & \\ \neg(F \wedge G) & = & \neg F \vee \neg G & \textbf{deMorgan'sche}^{52} \textbf{ Gesetze} \end{array}$$

Eine Formel F heißt **erfüllbar**, wenn es eine Wahrheitswertebelegung gibt, die angewandt auf F zum Wahrheitswert T führt. Darüber hinaus heißt F eine **Tautologie** (oder gültig), wenn *alle* Wahrheitsbelegungen zum Wert T führen.

Es ist klar, dass die negierte Version $\neg F$ einer Tautologie F nicht erfüllbar sein kann. (Eine solche Formel nennt man auch **unerfüllbar** oder eine widersprüchliche Formel, oder kurz: einen Widerspruch.)

Beispielsweise ist $(x \wedge y)$ erfüllbar, $(x \wedge \neg x)$ unerfüllbar und $(x \vee \neg x)$ eine Tautologie. Das Thema der Erfüllbarkeit von Boole'schen Formeln wird im Abschnitt über NP-Vollständigkeit nochmals angesprochen.

Manchmal ist es zweckmäßig, Boole'sche Operationen durch arithmetische Operationen nachzubilden. Im Falle der Negation und der Und-Verknüpfung ist dies offensichtlich (wobei wir nochmals daran erinnern, dass **wahr** mit 1 und **falsch** mit 0 repräsentiert

[51] Im Kontext der formalen Logik unterscheidet man hier gelegentlich zwischen der syntaktischen Gleichheit von Formeln, dargestellt durch $=$, und der semantischen Äquivalenz, die wir hier meinen, die dann oft mit $\equiv$ bezeichnet wird. Man beachte, dass die semantische Äquivalenz eine metasprachliche Aussage über zwei Formeln darstellt, während das Symbol $\leftrightarrow$ ein objektsprachliches Symbol ist, das *innerhalb* einer Formel Verwendung findet.

[52] Nach Auguste deMorgan (1806–1871).

wird):

$$\neg x = 1 - x \quad \text{und} \quad x \wedge y = \min(x, y) = x \cdot y$$

Für die Oder-Verknüpfung könnte man entsprechend die $\max$-Funktion verwenden; oder man verwendet die deMorgan'sche Regel und erhält:

$$x \vee y = \neg(\neg x \wedge \neg y) = 1 - (1 - x) \cdot (1 - y) = x + y - x \cdot y$$

Gelegentlich repräsentiert man allerdings **wahr** mit -1 und **falsch** mit 1 (so genannte **Fourier-Repräsentation**). Diese Darstellung hat den Vorteil, dass man die XOR-Operation mittels Multiplikation nachbilden kann, denn $(-1) \cdot (-1) = 1 \cdot 1 = 1$ und $(-1) \cdot 1 = 1 \cdot (-1) = -1$. Ferner kann die Negation einfach durch den Minus-Operator berechnet werden.

1.16 Quantoren

In der Mathematik werden sehr häufig die Sprachgebilde „für alle“ bzw. „es existiert“ verwendet. Auch hierfür gibt es Abkürzungen, um derartige Aussagen kompakt aufschreiben zu können. Man nennt diese Symbole **Quantoren**.

- der **Allquantor** (oder auch Generalisierungsquantor, ein auf den Kopf gestelltes A) also „$\forall$“, steht für „für alle“,
- der **Existenzquantor** (oder auch Partikularisierungsquantor, ein umgedrehtes E) also „$\exists$“, steht für „es existiert“.

In beiden Fällen ist es notwendig, dass direkt nach dem Quantor ein frei wählbarer Variablenname (bis auf zu vermeidende Namenskonflikte) geschrieben wird. Also z.B.

$$\forall x : (\ldots)$$

liest sich als „für alle x gilt, dass (das, was zwischen den Klammern formuliert ist, auf x zutrifft)“. [53] Auch hier gilt, wie bei der Definition von Mengen, dass es hilfreich ist, wenn

[53] Statt der hier verwendeten linearen Schreibweise sieht man in der Literatur auch gelegentlich, dass die Variable *unter* den Quantor geschrieben wird, bzw. dass ein großes Und-Symbol für den Allquantor bzw. ein großes Oder-Symbol für den Existenzquantor geschrieben wird.

die Grundmenge M, aus der man seine Elemente bezieht bzw. über deren Elemente man in der Sprache dieser Formeln „redet", gleich mit angegeben wird:

$$\forall x \in M \, : \, (\ldots) \quad \text{bzw.} \quad \exists x \in M \, : \, (\ldots)$$

Will man die Zugehörigkeit zu M erst innerhalb des Klammerausdrucks zum Ausdruck bringen, so muss man schreiben

$$\forall x \, : \, (x \in M \to \ldots) \quad \text{bzw.} \quad \exists x \, : \, (x \in M \wedge \ldots)$$

was uns umständlicher erscheint.

Manchmal muss das betreffende x, über das die Formel eine Aussage macht, neben $x \in M$ noch mehr Grundvoraussetzungen erfüllen, sagen wir $B_1(x)$ und $B_2(x)$, bevor man zur eigentlichen Behauptung kommt, die in den Klammern steht. In einem solchen Fall ist es schreibtechnisch geschickter, alle Vorbedingungen zusammen beim Quantor hinzuschreiben – um dies optisch klar zu machen, kann man zusätzliche Klammern einsetzen:

$$(\forall x \in M, B_1(x), B_2(x)) \, : \, (\ldots) \quad \text{bzw.} \quad (\exists x \in M, B_1(x), B_2(x)) \, : \, (\ldots)$$

Den Doppelpunkt, der „es gilt" oder „mit der Eigenschaft, dass" bedeutet, muss man nicht unbedingt schreiben.

Beispiel: Bei der Definition der Konvergenz von Zahlenfolgen kommen drei alternierende Quantoren vor. Die Symbolik $\lim_{n\to\infty} a_n = a$ ist nur eine abkürzende Schreibweise für die ausführliche Definition:

$$(\forall \varepsilon \in \mathbb{R},\, \varepsilon > 0)\, (\exists n_0 \in \mathbb{N})\, (\forall n \in \mathbb{N},\, n \geq n_0) \, : \, |a_n - a| < \varepsilon$$

Man sieht, es wird erst richtig interessant, wenn mehrere Quantoren, insbesondere verschiedenartige, vorkommen. Solange gleichartige Quantoren direkt hintereinander vorkommen, darf man diese vertauschen; also $\forall x \, \forall y$ bedeutet dasselbe wie $\forall y \, \forall x$, deshalb schreibt man oft auch gleich nur einen Quantor: $\forall x, y$. Verschiedenartige Quantoren dürfen aber keinesfalls in der Reihenfolge vertauscht werden, da man hierdurch die inhaltliche Bedeutung einer Formel völlig verändert (vgl. Abschnitt über „gleichmäßig versus nicht-gleichmäßig").

Betrachten wir die Quantorenabfolge $\forall x \, \exists y : P(x, y)$, wobei P irgendein Prädikat (also eine Relation) ist, welches von x und y abhängt. Die inhaltliche Aussage ist, dass man für jedes x (individuell) ein y, das von x abhängt, finden kann, so dass $P(x, y)$ gilt. Diese Abhängigkeit von x kann man durch eine Funktion ausdrücken, eine so genannte **Skolem-Funktion**[54], also $y = f(x)$, so dass die eigentliche Bedeutung der obigen Quantorenformel ist: $\exists f \, \forall x : P(x, f(x))$. Wir betrachten diese beiden Darstellungen als untereinander äquivalent.[55] Allgemeiner kann man jede existenziell quantifizierte Variable als (Skolem-) Funktion der zuvor all-quantifizierten Variablen auffassen.

Eine Formel mit Quantoren, bei der hinter den Quantoren ausschließlich einfache Variablen stehen (welche Werte des betreffenden Grundbereichs annehmen können), hier meist mit x, y, z bezeichnet, bezeichnet man als eine (prädikatenlogische) Formel **erster Stufe** (im Englischen: first order). Wenn dagegen über Funktionen oder Prädikate (Relationen) quantifiziert wird, so spricht man von einer Formel **zweiter Stufe** (second order).

Beispiel: $\forall x \, \exists y : P(x, y)$ ist eine Formel erster Stufe, $\exists f \, \forall x : P(x, f(x))$ ist eine Formel zweiter Stufe.

In der mathematischen Logik wird ein Satz oder dessen Beweis als **elementar** bezeichnet, wenn er sich ausschließlich durch Formeln der ersten Stufe formulieren lässt.

Variablen, die direkt hinter einem Quantor stehen, bezeichnet man als **gebundene Variablen** – ebenso ihr Auftreten dann weiter hinten in der Formel. Gebundene Variablen sind sozusagen nur Platzhalter, man kann sie auch durch einen anderen Variablennamen ersetzen (solange nicht derselbe Name mehrfach vergeben wird). Dies ist ähnlich wie bei den Summationsvariablen, die in Verbindung mit einem Summenzeichen verwendet werden. Eine Variable, die hinter keinem Quantor auftritt, heißt **freie Variable**.

Beispiel: In der Formel $F = \forall x \, \exists y : (x + z = y)$ ist die Variable z frei, die anderen beiden Variablen, also x und y, sind gebunden. Um auszudrücken, dass der Wahrheitswert der Formel F erst dann endgültig bestimmt werden kann, wenn feststeht, welchen Wert die freie Variable z hat, schreibt man statt F auch $F(z)$.

---

[54] Nach dem norwegischen Mathematiker Thoralf Skolem (1887–1963).

[55] In der formalen Logik wird diese Äquivalenz meist nicht angenommen; einfach deshalb, weil die eine Formel eine Aussage über eine Funktion f macht, die in der anderen nicht vorkommt; insofern haben die beiden Formeln unterschiedliche „Signaturen“, also zugrunde liegende Zeichensätze, und sind somit unvergleichbar. Darüber hinaus benötigt man, um von $\forall x \, \exists y : P(x, y)$ auf $\exists f \, \forall x : P(x, f(x))$ schließen zu können, das so genannte Auswahlaxiom.

In der mathematischen Alltagsnotation muss man hier gelegentlich vorsichtig sein. Manchmal kommen in einer Formel freie Variablen vor; sie werden aber tatsächlich nicht als frei verstanden, sondern als per Allquantor gebunden – ohne dass man diesen explizit ausschreibt. Wenn man beispielsweise sagt: Die Relation R erfüllt folgende Bedingung:

$$xRy,\ yRz \Rightarrow xRz$$

Dann ist hier aber implizit das Vorhandensein eines Allquantors „$\forall x, y, z$" gemeint. Auch in der folgenden Definition einer Menge

$$\{p \cdot q \mid p, q \text{ Primzahlen}\}$$

kommt implizit ein Quantor vor. Die ausführliche Schreibweise wäre diese:

$$\{n \in \mathbb{N} \mid \exists p, q \in \mathbb{N} : \ n = p \cdot q \text{ und } p, q \text{ sind Primzahlen}\}$$

In der mathematischen Alltagssprache führt der unbestimmte Artikel „ein" ein schillerndes Doppelleben. Wenn man sagt „für ein x gilt", so würde man wohl vermuten, dass dies $\exists x$ heißt, was es tatsächlich auch heißen kann. Es kann aber auch so gemeint sein, dass x hier prototypisch für *jedes beliebige* Element der betreffenden Grundmenge steht, so dass mit dieser Floskel ein Allquantor gemeint ist. Was nun richtig ist, kann letztlich nur dem Kontext entnommen werden. Im Englischen ist dies gerade der Unterschied zwischen „some" und „any": *for some* x bedeutet Existenzquantor; *for any* x bedeutet Allquantor.

Eine der wichtigsten Regeln im Umgang mit Quantorenformeln ist die deMorgan'sche Regel: Möchte man eine Allaussage negieren, wird daraus eine Existenzaussage, und umgekehrt:

$$\begin{aligned} \neg\,\forall x : B(x) &= \exists x : \neg B(x) \\ \neg\,\exists x : B(x) &= \forall x : \neg B(x) \end{aligned}$$

Wir wollen noch eine Schreibweise erwähnen, nämlich $\exists! x : B(x)$. Dies liest man als „es existiert genau ein x mit der Eigenschaft $B(x)$" (siehe auch den Abschnitt über Existenz und Eindeutigkeit). Es wird also zusätzlich zur Existenzaussage gesagt, dass eine zweite Lösung, verschieden von der ersten, nicht existiert. Als prädikatenlogische Formel (ohne Verwendung des Ausrufezeichens) könnte man dies auch so ausdrücken:

$$\exists x \Big(B(x) \wedge \neg\,\exists y : (x \neq y) \wedge B(y) \Big)$$

Unter Verwenden der deMorgan'schen Regel ist dies gleichwertig mit

$$\exists x \Big(B(x) \land \forall y : (x = y) \lor \neg B(y) \Big)$$

Man könnte als Nächstes noch den Allquantor nach vorne ziehen und der besseren Verständlichkeit wegen einen Implikationspfeil verwenden:

$$\exists x \, \forall y \Big(B(x) \land (B(y) \rightarrow (x = y)) \Big)$$

Tatsächlich kann man grundsätzlich immer die Quantoren nach vorne vor den Rest der Formel ziehen. Dies nennt man dann die (bzw. eine) **Pränex-Normalform**.
Wie man mit Formeln, die Quantoren enthalten, in beweistechnischer Hinsicht umgeht, beschreiben insbesondere die Abschnitte „Induktion" und „Umgang mit Quantoren".

1.17 Normalformen

Nehmen wir an, wir haben soeben eine allgemeine Definition von gewissen Objekten gegeben, seien es Formeln, Gleichungen, Graphen, Grammatiken, Automaten oder ähnliches. Nun möchte man gerne, um sich sowohl algorithmisch als auch beweistechnisch das Leben leichter zu machen, dass die Art der Objekte in irgendeiner Form eingeschränkt wird, obwohl die Definition eigentlich alle möglichen Abarten und Varianten zulässt.
Beispiel: Obwohl die allgemeine Definition es zulässt, dass Quantoren an fast jeder Stelle innerhalb einer Formel auftreten können, hätte man es gerne, dass man die Quantoren alle nach vorn hinschreibt.
Obwohl die generelle Definition es zulässt, bei einem System von Gleichungen alle Symbole $=$, $\leq$, $<$, $>$, $\geq$ zu verwenden, könnte man darauf bestehen, nur die beiden Symbole $=$ und $<$ zu verwenden.
Sofern man nachweisen kann, dass jedes Gleichungssystem, jede Formel etc. solcherart äquivalent umgeformt werden kann, dass sie dieser eingeschränkten Form entspricht, so spricht man von einer **Normalform**.
Bei Boole'schen Formeln gibt es die Negationsnormalform (NNF), die konjunktive Normalform (KNF), die disjunktive Normalform (DNF), bei Formeln mit Quantoren die

(oben erwähnte) Pränex-Normalform, bei kontextfreien Grammatiken die Chomsky-Normalform[56] (CNF) oder die Greibach-Normalform[57] (GNF).

Bei anderen Systemen nennt man es zwar nicht Normalform, könnte es aber auch als Normalform auffassen: Zu jedem endlichen Automat gibt es einen äquivalenten Minimalautomaten; zu jeder Darstellung einer rationalen Zahl z als Bruch $z = \frac{p}{q}$ gibt es eine entsprechende gekürzte Version, so dass p und q teilerfremd sind, etc.

Normalformen sind nützlich als beweistechnisches Hilfsmittel (siehe den Abschnitt über „Ohne Beschränkung der Allgemeinheit").

1.18 Fast alle, unendlich viele, O-Notation

Wenn man sagt, die Aussage $A(n)$ gilt für „fast alle" $n \in \mathbb{N}$, so ist gemeint, für alle bis auf höchstens endlich viele. Dies kann man formal mittels Quantoren wie folgt ausdrücken:

$$\exists n_0 \in \mathbb{N}\ \forall n \geq n_0 \ :\ A(n)$$

Da diese Floskel und die entsprechende Abfolge von $\exists\forall$ sehr häufig vorkommt, hat man hierfür auch eine Abkürzung bereitgestellt, nämlich $\overset{\infty}{\forall} n \ :\ A(n)$.

Ähnlich ist es mit der Floskel: die Aussage $A(n)$ gilt für unendlich viele n. Dies kann man formal durch $\forall n_0 \in \mathbb{N}\ \exists n \geq n_0 \ :\ A(n)$ beschreiben und kürzt dies ab durch $\overset{\infty}{\exists} n \ :\ A(n)$.

Beispielsweise steckt die „fast alle"-Floskel bereits in der Konvergenzdefinition. Eine Zahlenfolge $(a_n)_{n\in\mathbb{N}}$ **konvergiert** gegen eine Zahl x, definitionsgemäß genau dann, wenn

$$\forall \varepsilon > 0\ \exists n_0 \in \mathbb{N}\ \forall n \geq n_0 \ :\ |a_n - x| < \varepsilon$$

Etwas laxer könnte man dies also so ausdrücken: Für alle $\varepsilon > 0$ gilt, dass fast alle Folgenglieder a_n in der ε-Umgebung von x liegen.

Dementsprechend steckt in der Nicht-Konvergenz (oder **Divergenz**) die „unendlich oft"-Aussage. Wir negieren die Konvergenzdefinition und erhalten

$$\begin{aligned} & \neg \forall \varepsilon > 0\ \exists n_0 \in \mathbb{N}\ \forall n \geq n_0 \ :\ |a_n - x| < \varepsilon \\ = \ & \exists \varepsilon > 0\ \forall n_0 \in \mathbb{N}\ \exists n \geq n_0 \ :\ |a_n - x| \geq \varepsilon \end{aligned}$$

[56] Nach Noam Avram Chomsky (geb. 1928).

[57] Nach Sheila Greibach (geb. 1939).

oder kürzer geschrieben: $\exists \varepsilon > 0 \ \overset{\infty}{\exists} \ n \in \mathbb{N} \ : \ |a_n - x| \geq \varepsilon$. Beispielsweise ist die Folge $(0, 1, 0, 1, 0, \ldots)$ nicht konvergent (weder gegen den Grenzwert $x = 0$ oder $x = 1$ oder einen anderen). Dies sieht man, indem man in der obigen Aussage $\varepsilon = 1/2$ wählt.

In ähnlicher Weise wie bei der Konvergenz versteckt sich eine „fast alle"-Aussage in der asymptotischen Notation $f(n) = O(g(n))$, der so genannten **O-Notation** (oder auch **Landau-Symbol**[58] genannt). Hiermit wird ausgedrückt, dass sich die (evtl. kompliziert aufgebaute) Funktion $f : \mathbb{N} \to \mathbb{R}$ asymptotisch (also für große n) und unter Ignorieren von konstanten Faktoren und Termen kleinerer Ordnung verhält wie die (einfach aufgebaute) Funktion $g : \mathbb{N} \to \mathbb{R}$. Durch diese Notation kann man sich auf das wesentliche Wachstumsverhalten einer Funktion konzentrieren. Formal: „$f(n) = O(g(n))$" bedeutet Folgendes:

$$\exists c > 0 \ \overset{\infty}{\forall} \ n : \ f(n) \leq c \cdot g(n)$$

Beispielsweise gilt $3n^2 + 7n + 8\log(n) + 10 = O(n^2)$.
Diese Notation[59] wird vor allem verwendet, um die Laufzeit von Algorithmen als Funktion der Eingabelänge n anzugeben. Durch die O-Notation kann man von nicht relevanten Details wie der konkreten Algorithmenimplementierung, der verwendeten Programmiersprache, des zugrunde liegenden Maschinentyps, des verwendeten Compilers etc. abstrahieren.

1.19 Gleichmäßig, nicht-gleichmäßig

Die Begriffe gleichmäßig und nicht-gleichmäßig (im Englischen: uniform, non-uniform) deuten auf einen Unterschied in der Quantorenabfolge hin. Wenn die Aussage

$$\exists y \, \forall x : P(x, y)$$

wahr ist, bedeutet das, dass es ein y gibt, das in *gleichmäßiger* Weise auf alle x angewandt werden kann, so dass das Prädikat $P(x, y)$ gilt.
Hat man jedoch nur folgende Aussage

$$\forall x \, \exists y : P(x, y)$$

[58] Nach Edmund Landau (1877–1938).

[59] Außer der O-Notation, die eine asymptotische obere Schranke angibt, sind noch weitere, aber wesentlich seltener verwendete Notationen gebräuchlich, die sich auf untere oder beidseitige Schranken beziehen.

so gibt es für jedes x ein individuelles y (das für jedes x anders ausfallen kann, also *nicht-gleichmäßig*), so dass $P(x, y)$ gilt.
Es ist klar, dass die gleichmäßige Aussage die ungleichmäßige impliziert, aber nicht umgekehrt.

Dieser Unterschied in der Quantorenabfolge kommt zum Beispiel bei gleichmäßiger Konvergenz einer Funktionenfolge $(f_n : \mathbb{R} \to \mathbb{R})_{n=1,2,\ldots}$ im Unterschied zu punktweiser (also nicht-gleichmäßiger) Konvergenz zum Ausdruck.
Die Funktionenfolge (f_n) ist **gleichmäßig konvergent** gegen die Funktion f auf der Grundmenge X, bedeutet also Folgendes:

$$\forall \varepsilon > 0\, \exists n_0 \in \mathbb{N}\, \forall x \in X\, \forall n \geq n_0 : |f_n(x) - f(x)| < \varepsilon$$

Das heißt, es gibt einen Anfangsindex $n_0 = n_0(\varepsilon)$, den man gleichmäßig auf alle x anwenden kann. Haben wir nur punktweise Konvergenz, so vertauschen der Allquantor mit x und der Existenzquantor mit n_0 die Plätze. Nun kann n_0 nicht nur als (Skolem-)Funktion von ε sondern auch abhängig von x gewählt werden, also $n_0 = n_0(\varepsilon, x)$.

$$\forall \varepsilon > 0\, \forall x \in X\, \exists n_0 \in \mathbb{N}\, \forall n \geq n_0 : |f_n(x) - f(x)| < \varepsilon$$

In der Informatik gibt es einen ähnlichen Unterschied zwischen **uniformen** Berechnungsmodellen (z.B. Turing-Maschine): ein und dieselbe Turing-Maschine kann für Eingaben beliebiger Länge verwendet werden; und **nicht-uniformen** Berechnungsmodellen (z.B. Boole'sche Schaltkreise); ein solcher Schaltkreis hat eine „fest-verdrahtete" Anzahl von Eingangsleitungen. Für jede Eingabelänge braucht man einen neuen Schaltkreis. Also:

uniform:	$\exists$ Berechnungsmodell $\forall$ Eingabelängen...
nicht-uniform:	$\forall$ Eingabelängen $\exists$ Berechnungsmodell...

In der Algorithmik gibt es ebenfalls ein Paar von zwei Definitionen, von denen die eine als die „gleichmäßige" Version der anderen betrachtet werden kann. Es handelt sich um zwei Arten, wie man ein schwieriges (NP-vollständiges) Optimierungsproblem bis zu einem gewissen Grad effizient approximieren kann, nämlich im Sinne von „fully polynomial-time approximation scheme" (abgekürzt FPTAS), im Unterschied zu „polynomial-time approximation scheme" (abgekürzt PTAS). Das Wörtchen „fully" entspricht hier dem Konzept der Gleichmäßigkeit.

2 Über den Umgang mit mathematischen Notationen

Viele Notationen sind historisch gewachsen, und es sind zum Teil dabei auch unterschiedliche, untereinander konkurrierende Notationen entstanden. Man kann bei der Angabe einer Menge einen Doppelpunkt oder einen senkrechten Strich verwenden; man kann e^x oder auch $\exp(x)$ schreiben, etc. So schreibt man in einigen Fällen das Funktions- oder Relationszeichen vor, hinter oder auch zwischen die Argumente. Es soll in diesem Kapitel um solche notationellen Besonderheiten gehen und wie man mit diesen umgehen sollte. Wie drückt man beispielsweise aus, dass man mit $f(x)$ das eine Mal einen konkreten Funktionswert meint, das andere Mal die Funktion als Ganzes? Beim Notieren mathematischer Texte – sollte man da eher die umgangssprachliche Notation „genau dann wenn" verwenden oder das Symbol $\Leftrightarrow$? In diesem Kapitel geht es um solche Fragestellungen, bis hin zu dem Punkt, dass eine notationelle Maschinerie, die man mal aufgebaut hat, einem, bei unbedachtem Umgang, in Form von Paradoxien „um die Ohren fliegen" kann.

2.1 Infix, Präfix, Postfix

Zusätzlich zur Zeichenfestlegung von Operatoren, z.B. „+" für die Addition, ist die Reihenfolge von Funktionen und Operanden ein wichtiger Aspekt der Notation in Mathematik, Logik und Informatik.
Beispiele hierfür sind:

Name	Beschreibung	Beispiele	Programmiersprachen
Präfixnotation	Funktion vor Operanden	$\sin x,\ -x$	Lisp: (+ 3 4)
Postfixnotation	Funktion nach Operanden	$x!$	PostScript: 3 4 add
Infixnotation	Funktion zwischen Operanden	$x+y,\ x\wedge y$	C, Java: 3 + 4

Bei der gebräuchlichen Infixnotation in der Arithmetik wird neben der Reihenfolge von Funktion und Operanden auch die Rechenreihenfolge durch die Wertigkeit der Operationen („Punkt vor Strich") bestimmt. Durch das Setzen von Klammern kann man Teilausdrücke festlegen, die abweichend von der Punkt- vor Strich-Regel zuerst berechnet werden müssen.

Beispiel: $(3 + 4 + 5) \cdot 6 \cdot 7 + 8$. Die Operatoren stehen hierbei zwischen den einzelnen Werten, es handelt sich hierbei also um eine Infixnotation. Die Klammern erzwingen, dass die Addition von 3, 4 und 5 vor der nachfolgenden Multiplikation mit 6 zu geschehen hat, entgegen der Punkt-vor-Strich-Regel, die dann anzuwenden wäre, wenn keine Klammern vorhanden sind.

Die Präfixnotation wird auch **Polnische Notation** genannt[1]. Wenn die Stelligkeit der Funktion f bekannt ist (also die Anzahl der Argumente von f), so benötigt man eigentlich keine Klammern, um eine solche Formel eindeutig lesen zu können. So findet sich die klammerlose Schreibweise

$$f\ x_1\ x_2\ \ldots\ x_n$$

meist in der formalen Logik, und die Schreibweise

$$f(x_1, x_2, \ldots, x_n)$$

in der gängigen Mathematik. Die Schreibweise mit äußeren Klammern

$$(\ f\ x_1\ x_2\ \ldots\ x_n\ )$$

wird in der Programmiersprache Lisp verwendet.

Bei der Postfixnotation schreibt man den Operator *nach* den zu verknüpfenden Argumenten; sie wird daher auch **Umgekehrte Polnische Notation** (UPN) genannt. In der Informatik ist die UPN deshalb von Interesse, weil sie eine stapelbasierte Abarbeitung ermöglicht: Operanden werden beim Lesen auf den Stapel (Stack) gelegt, ein Operator holt sich die Anzahl an Operanden vom Stapel, die seiner Stelligkeit entspricht und legt das Ergebnis der Operation wieder auf dem Stapel ab. Am Ende liegt dann das Ergebnis des Terms oben auf dem Stapel. Deshalb bildet die UPN die Grundlage für stapelbasierte Programmiersprachen wie Forth oder PostScript.

Weiterhin übernahm die Firma Hewlett-Packard (seit den 60er Jahren) die UPN für ihre Taschenrechner. Hier hat die UPN auch ganz praktische Bedeutung, da hierbei die Berechnung eines Ausdrucks im Allgemeinen mit weniger Tastendrücken auskommt.

[1] Nach dem polnischen Mathematiker Jan Łukasiewicz (1878–1956).

Beispielsweise benötigt die Berechnung von $(4+5)*(8+9)$ auf einem Taschenrechner mit algebraischer Eingabelogik 12 Tastendrücke, nämlich „(4 + 5) * (8 + 9) =“, während nur 9 Tastendrücke, d.h. „4 ENTER 5 + 8 ENTER 9 + * “, auf einem UPN Taschenrechner benötigt werden. Zusätzlich werden noch die jeweiligen Zwischenergebnisse angezeigt.

2.2 Funktionswert vs. Funktion, λ-Notation

Nehmen wir an, es wurde eine Funktion f definiert (z.B. auf den natürlichen Zahlen). Was für ein Objekt ist dann $f(x)$? Es gibt zwei Möglichkeiten, die auch in der mathematischen Alltagsnotation mal so oder so gemeint sein können. Wenn wir $x \in \mathbb{N}$ als eine feste Zahl ansehen, so ist ebenfalls $f(x) \in \mathbb{N}$. Wenn wir x als Variable, als formalen Platzhalter für das Argument von f ansehen, so meint $f(x)$ dasselbe wie f, also die Funktion als Ganzes. Dann ist $f(x)$ also ein Element von $\mathbb{N}^{\mathbb{N}}$, der Menge aller Funktionen von $\mathbb{N}$ nach $\mathbb{N}$.

Gelegentlich sieht man in der Literatur die Bezeichnungsweise $f(\,\cdot\,)$, um einerseits zum Ausdruck zu bringen, dass die Funktion f ein Argument hat, dieses Argument aber namentlich nicht benennt, um die oben angesprochene Mehrdeutigkeit zu vermeiden. Durch diese Notation ist dann die Funktion f als Ganzes gemeint.

Um diese Mehrdeutigkeit auszuschließen, wurde der λ-Kalkül bzw. die λ-Notation eingeführt. Man unterscheidet hier klar zwischen der Anwendung einer Funktion auf ein bestimmtes Argument, was den Funktionswert ergibt, und der Funktion als Ganzes. Die folgende Notation geht auf Church[2] zurück. Es bezeichnet $f(\alpha)$ – meist klammerfrei geschrieben, also $f\,\alpha$ – die Anwendung der Funktion f auf das Argument α (welches selber ein komplexer λ-Ausdruck sein kann). Dahingegen bedeutet $\lambda x.T$ eine Funktion mit einem Argument x; diese Funktion wird über den Ausdruck T definiert. Auf diese Weise können Funktionen „anonym” eingeführt werden; wir könnten ihr jedoch auch einen Namen geben, indem wir $f = \lambda x.T$ schreiben. In diesem Sinne ist λ ein „Funktionsbildungs-Operator“.

Es folgen einige Beispiele:

$$\lambda x.\,(x+3)^2$$

[2] Alonzo Church (1903–1995), amerikanischer Mathematiker und Logiker.

Dies bezeichnet die (unbenannte oder anonyme) Funktion mit einem Argument x, welche ihr um 3 erhöhtes Argument quadriert. Dagegen bedeutet

$$\lambda x.\,(x+3)^2\ \ 5$$

dass die soeben beschriebene Funktion auf das Argument 5 angewandt wird.
Man hat einen Kalkül entwickelt, um mit diesen λ-Ausdrücken umgehen und sie vereinfachen zu können. Die wichtigste Operation ist hierbei die **λ-Konversion**, die das Einsetzen des Arguments in den Parameter vornimmt. Beispiel:

$$\lambda x.\,(x+3)^2\ \ 5 \ \overset{\lambda\text{-Konversion}}{\longmapsto}\ (5+3)^2$$

Der Lambda-Kalkül hat die Entwicklung funktionaler Programmiersprachen wie **Lisp**[3] und **Haskell**[4] und deren Semantik und Auswertungsprinzipien wesentlich beeinflusst. In funktionalen Sprachen besteht ein Programm aus Funktionsdefinitionen, Funktionsanwendungen und Funktionskompositionen (siehe Abschnitt über Funktionen). So schreibt man obigen λ-Ausdruck in Lisp wie folgt

```
(lambda (x) (* (+ x 3) (+ x 3)))
```

bzw. in Haskell

```
(\x -> (x + 3) * (x + 3))
```

Beispielsweise kann man in Lisp sehr einfach zwei Listen elementweise addieren:

```
(mapcar (lambda (x y) (+ x y)) '(0 1 2) '(10 11 12))
```

Ergebnis ist dann die Liste: `(10 12 14)`
Mit Hilfe des λ-Kalküls lassen sich auch Auswertungsstrategien studieren wie zum Beispiel **lazy evaluation**. Das heißt, man verzögert die Auswertung eines Ausdrucks solange, bis der Wert des Ausdrucks wirklich benötigt wird – was gelegentlich die Auswertung eines Ausdrucks überflüssig macht. (Wenn man z.B. die Und-Verknüpfung zweier Boole'scher Formeln F und G berechnen möchte (vgl. Abschnitt über logische Operationen) und man hat F bereits zu **falsch** ausgewertet, dann kann man sich das Auswerten von G ersparen, da das Ergebnis der Und-Verknüpfung in jedem Fall **falsch** sein wird.)

---

[3] Erfinder von Lisp ist John McCarthy (1927–2011), der gesagt hat: alle Programmiersprachen sind im Kern nichts anderes als λ-Kalkül; der Rest ist ein bisschen syntaktischer Zuckerguss.

[4] Benannt nach Haskell Brooks Curry (1900–1982).

Die Möglichkeiten des λ-Kalküls gehen noch weit über diese Beispiele hinaus, wenn man realisiert, dass man mit Hilfe der λ-Notation auch Funktionale oder Funktionen „höherer Ordnung" erfassen kann. Dies sind Funktionen, die Funktionen als Argumente haben und ggf. Funktionen als Funktionswerte ergeben. Beispielsweise ist $\lambda x.\,(x\ x)$ diejenige Funktion mit einem Argument, die ihr Argument als Funktion interpretiert und diese Funktion wiederum auf sich selbst anwendet. Dass solche Interpretationen in der Welt der Programmiersprachen sinnvoll sein können, wird kurz im Abschnitt über Objekt- und Metasprache angesprochen.

Funktionale kennt man aus der Mathematik zum Beispiel in Form des Ableitungsoperators $\frac{d}{dx}$. Angewandt auf eine Funktion f liefert dieser als Ergebnis die nach x abgeleitete Funktion f'.

2.3 Syntax und Semantik, Metasprache und Objektsprache

Bisher haben wir die mathematischen Notationen als Abkürzungen verwendet, die jeweils eine fest vorgegebene Bedeutung haben. Zum Beispiel bedeutet das Symbol $\sqrt{\ }$ das Quadratwurzelziehen. Allenfalls die Angabe der betreffenden Grundmenge kann noch einen Unterschied ausmachen: Während $\sqrt{-5}$ auf der Grundmenge der reellen Zahlen undefiniert ist, hat diese Formel auf der Menge der komplexen Zahlen eine wohldefinierte Bedeutung. Aber in jedem Fall ist immer klar, dass mit „$\sqrt{\ }$" eine Zahl gemeint ist, die mit sich selbst multipliziert die Zahl unter dem Wurzelzeichen ergibt. Also mathematische Zeichen sind von vornherein fest mit entsprechenden mathematischen Interpretationen oder Berechnungsvorschriften assoziiert.

In der **formalen Logik** oder **Metamathematik** ist das nicht mehr so. Nun sind die mathematischen Formeln selber das Objekt der mathematischen Betrachtung. Jetzt ist $(\sqrt{-5} + x - y^2)^3$ zunächst nur ein Gebilde, das aus Klammern und einigen seltsamen Zeichen aufgebaut ist. Um keinesfalls irgendeine inhaltliche Interpretation vorwegzunehmen, liest man die Symbole $\wedge$, $\vee$, $\neg$ nun nicht mehr als UND, ODER, NICHT, sondern zum Beispiel als „Dach", „umgestürztes Dach" und „Haken". Man gibt Regeln an, wie man korrekt entsprechende Formeln aufbaut (siehe z.B. im Abschnitt über induktive Definitionen). Dies alles regelt die so genannte **Syntax** von Formeln.

Im nächsten Schritt werden mit solchen Formeln Bedeutungen, Interpretationen assoziiert. Hierzu gehört zum Beispiel auch die Angabe einer Grundmenge (reelle Zahlen oder komplexe Zahlen). Dann kann man darangehen festzustellen, ob eine solche Formel (immer) wahr ist, oder eine Lösung für die vorkommende Variable (oder Variablen) besitzt, und ähnliches. Nun befinden wir uns im Bereich der **Semantik**, also der inhaltlichen Interpretation einer (syntaktisch korrekt aufgebauten) Formel.

Solche semantischen Interpretationen müssen keineswegs eindeutig sein und von vornherein durch die verwendete Symbolik feststehen. Zum Beispiel hatten wir im Abschnitt über logische Operationen angegeben, dass man diese auch arithmetisch interpretieren kann und zum Beispiel auch die Fourier-Repräsentation wählen kann. Dies ist nichts anderes als eine andere Semantik für logische Formeln. Noch klarer ist das vielleicht bei Programmiersprachen. Bei der einen Programmiersprache könnte n++ vielleicht bedeuten, dass der Wert der Variablen n um 1 erhöht wird, was man bei dieser Symbolik auf den ersten Blick vielleicht nicht assoziieren würde; in einer anderen Programmiersprache könnte dies vielleicht etwas ganz anderes bedeuten. Insbesondere bedeutet Semantik im Kontext von Programmiersprachen die Art und Weise, wie bestimmte syntaktische Konstrukte real auf einem Computer ausgeführt werden sollen.

In der Mathematik werden Formeln gewissermaßen mittels ihrer eigenen Symbolik unmittelbar interpretiert, sie machen insofern direkt Aussagen über Zahlen oder andere mathematische Objekte. In der Metamathematik reden wir *über* Formeln und machen über diese Aussagen. Zum Beispiel könnte man in der Metamathematik sagen: die logische Formel $(x \wedge y)$ impliziert die Formel $(x \vee y)$. Was wir nun aber nicht dürfen, diese metamathematische Aussage durch

$$(x \wedge y) \rightarrow (x \vee y)$$

auszudrücken. Durch Verwenden des objektsprachlichen Symbols $\rightarrow$ haben wir Metasprache und Objektsprache miteinander vermischt. Wir dürfen aber sagen: die logische Formel $(x \wedge y)$ impliziert die Formel $(x \vee y)$, also ist die neue Formel

$$(x \wedge y) \rightarrow (x \vee y)$$

– vielleicht aufgrund eines zuvor aufgestellten Kalküls – daraus ableitbar.

Auch innerhalb von Beweisen ist es so, dass wir eine metamathematische Sichtweise einnehmen. Wir argumentieren *über* Formeln und warum diese wahr sind, oder warum diese eine Lösung besitzen etc. Wenn wir im Rahmen eines Beweises zeigen, dass sich eine Formel F äquivalent umformen lässt in G, und sich G wiederum äquivalent umschreiben lässt in H, so halten wir es stilistisch nicht für gut, diesen beweistechnischen Sachverhalt durch

$$\begin{aligned} F &\Leftrightarrow G \\ &\Leftrightarrow H \end{aligned}$$

zu beschreiben (wegen des Verwendens des objektsprachlichen Doppelpfeils $\Leftrightarrow$). Hier hat man zwischen die Formeln F, G und H das Formelzeichen $\Leftrightarrow$ geschrieben und so in der Objektsprache eine Monster-Formel $F \Leftrightarrow G \Leftrightarrow H$ hergestellt. Wir halten es für besser angebracht, diese Äquivalenz von Formeln in der Metasprache mittels „genau dann wenn" auszudrücken, also:

$$\begin{aligned} F &\text{ gdw. } G \\ &\text{ gdw. } H \end{aligned}$$

Manche Autoren verstehen nur den einfachen Doppelpfeil $\leftrightarrow$ als objektsprachliches Element, dagegen den doppelten Doppelpfeil $\Leftrightarrow$ als metasprachliche Abkürzung von „genau dann wenn". In diesem Fall wäre obige Notation wieder OK. Wir wollen betonen, dass wir hier nicht eine bestimmte Notation vorschreiben wollen, sondern es geht uns nur darum bewusst zu machen, dass man sich seiner verwendeten Symbolik in einem mathematischen Text klar sein sollte, diese dann auch konsequent in der jeweiligen Interpretation einsetzen und Metasprache und Objektsprache nicht vermischen sollte.

2.4 Paradoxien, Gödel und Russell

Eine unzulässige Vermischung von Metasprache und Objektsprache findet auch bei dem folgenden Satz statt, der gewissermaßen aus der Objektsprache (dem Satz selbst) heraus in der Metasprache über sich selbst redet:

Dieser Satz ist falsch.

Ist er nun wahr oder falsch? Wenn er wahr wäre, müsste er – wie er selber sagt – falsch sein; wenn er falsch wäre, müsste er wahr sein.

Es gibt noch viele Beispiele dieser Art: Der Barbier sagt: „Ich rasiere alle Leute im Dorf, die sich nicht selbst rasieren". Er wohnt selber im Dorf. Soll er sich nun rasieren oder nicht?

Eine bekannte Regel sagt: *Keine Regel ohne Ausnahme*. Hat diese Regel eine Ausnahme?

Diese Beispiele zeigen, dass die Vermischung von Metasprache und Objektsprache zu unerwünschten logischen Paradoxien führen kann. Es ist aber (leider oder auch nicht leider – je nach Standpunkt) so, dass Computerprogramme einerseits selber nichts anderes als Wörter über einem geeigneten Alphabet (Menge der ASCII-Symbole) sind, andererseits ebensolche ASCII-Wörter als Eingabe entgegennehmen und verarbeiten und hierzu eine Ausgabe (ebenfalls ein ASCII-Wort) berechnen. Das heißt, Programme verarbeiten und „reden" sozusagen über Objekte derselben Art, wie sie selber welche sind. Dies ist die perfekte Vermischung von Objekt- und Metasprache. Dass Programme andere Programme als Eingabe haben können, ist von Interpretern und Compilern bekannt. Man könnte einem solchen Programm auch seinen eigenen Programmtext als Eingabe zuführen. Indem man diese Idee weiter verfolgt, sieht man (mit einem indirekten Beweisargument, siehe Extra-Abschnitt), dass es kein Programm geben kann, das systematisch und immer korrekt seine Eingabe, ein Programm, daraufhin untersucht, ob dieses immer terminiert (und selber dabei immer terminiert). Das heißt: das Halteproblem ist unentscheidbar.

Einen ähnlichen Effekt hat Gödel im Kontext der Formeln mit Quantoren festgestellt. Diese Formeln enthalten als Grundoperationen $+$ und $*$, die semantisch als Addition bzw. Multiplikation über der Grundmenge $\mathbb{N}$ interpretiert werden. Derartige Formeln „reden" eigentlich zunächst über natürliche Zahlen, wie zum Beispiel die Formel

$$F(x) \;=\; \forall y \forall z\, ((x = y * z) \;\rightarrow\; (y = 1) \vee (z = 1))$$

die ausdrückt, dass x eine Primzahl ist, genauer, die genau dann den Wahrheitswert **wahr** annimmt, wenn für x eine Primzahl (oder die Zahl 1) eingesetzt wird. Indem man nun derartige Formeln systematisch durchnummeriert, kann man Formeln mit natürlichen Zahlen identifizieren. Beispielsweise könnte man einer öffnenden Klammer die Zahl 1, einer schließenden Klammer die Zahl 2 zuordnen, usw. Die folgende Formel $F(x)$ drückt aus, dass x eine gerade Zahl ist.

$$\begin{array}{ccccccccc} \exists & y & (& y & + & y & = & x &) \\ 3 & 4 & 1 & 4 & 5 & 4 & 6 & 7 & 2 \end{array}$$

Wie angedeutet, könnte man nun, nachdem man einzelnen Zeichen Zahlen zugeordnet hat, der gesamten Formel die Zahl 341454672 zuordnen. Nun könnte man diese einer

Formel zugeordnete natürliche Zahl in die Formel selbst einsetzen: $F(341454672)$. Da 341454672 eine gerade Zahl ist, ist diese Formel **wahr**. Andere Formeln ergeben dagegen den Wahrheitswert **falsch**, wenn man die eigene Formel-Zahl für die freie Variable einsetzt; also symbolisch $F(\#F)$ betrachtet. Über diesen Trick, Formeln als Zahlen zu betrachten (auch als **Gödelisierung** bekannt), findet wieder die oben angesprochene Vermischung von Metasprache (Formeln) und Objektsprache (Zahlen) statt.

Nun hat Gödel in seinem berühmten Unvollständigkeitssatz eine Formel $G(x)$ konstruiert, die ihre eigene Nicht-Beweisbarkeit konstatiert, sofern man die zu G gehörige natürliche Zahl für x einsetzt.

Auf diesem Weg weist Gödel nach, dass für jeden „Vorschlag“ für einen Beweiskalkül für die Theorie der natürlichen Zahlen (mit Addition und Multiplikation als Basisoperationen) sich immer eine Formel konstruieren lässt, die zwar wahr, aber in dem betreffenden Kalkül nicht beweisbar ist. (Kalküle werden nochmals im nächsten Abschnitt diskutiert.)

Eine ähnliche Problematik wurde schon vor Gödel von Russell[5] beobachtet. Cantor beschreibt den von ihm eingeführten Mengenbegriff wie folgt:

> *Unter einer Menge verstehen wir jede Zusammenfassung von bestimmten wohlunterschiedenen Objekten unserer Anschauung oder unseres Denkens zu einem Ganzen.*

Wenn man den Mengenbegriff allzu unbedacht oder naiv anwendet, wie es in dieser „Definition“ zum Ausdruck kommt, so könnte man auch – nach Russell – die Menge aller Mengen bilden, die sich nicht selbst als Element enthalten. Formaler beschreiben wir diese Russell'sche Menge $\mathcal{M}$ so:

$$\mathcal{M} = \{ M \mid M \notin M \}$$

Gibt es diese Menge $\mathcal{M}$? Genau eine der folgenden beiden Aussagen müsste dann wahr sein, die andere falsch:

$$\text{entweder } \mathcal{M} \in \mathcal{M} \text{ oder } \mathcal{M} \notin \mathcal{M}$$

[5]Bertrand Arthur William Russell (1872–1970), englischer Philosoph, Logiker, Mathematiker, Sozialwissenschaftler und Politiker. Erhielt 1950 den Nobelpreis für Literatur.

Aus dem Ersteren folgt, nach Definition von $\mathcal{M}$, dass $\mathcal{M}$ *nicht* Element von $\mathcal{M}$ sein dürfte. Aus Letzterem folgt gerade, dass $\mathcal{M}$ Element von $\mathcal{M}$ ist. Also haben wir einen logischen Widerspruch, der nur so zu erklären bzw. zu beseitigen ist, dass diese Art der unbedachten Mengenbildung als unzulässig anzusehen ist.

Im mathematischen Alltagsleben trifft man auf diese Paradoxien (auch Antinomien genannt) eher nicht. Sie zeigen uns aber gewisse grundsätzliche Grenzen der Kalkülisierbarkeit auf. Nicht die gesamte Mathematik lässt sich algorithmisieren (was man durchaus auch als positiv empfinden kann).

grammen nachzuweisen. Man sieht, die Welt der mathematischen Beweise und die Welt der Programmierung ist vielfältig miteinander verflochten.

3.1 Axiome, Kalküle, Beweise

Nachdem man eine mathematische Behauptung in Form eines Satzes aufgestellt hat, geht es darum zu begründen, dass diese Behauptung richtig ist. Dies geschieht mit Hilfe eines Beweises in Form von einzelnen Beweisschritten. In einem Beweisschritt beruft man sich dabei entweder auf Grundtatsachen, die selbst nicht bewiesen werden (Axiome), oder man schließt nach gewissen Regeln (Schlussregeln) von Axiomen und bereits bewiesenen Aussagen auf neue Aussagen. Zum Beispiel ist die Aussage, dass jede natürliche Zahl eine Nachfolgerzahl besitzt, eines der bekannten Peano'schen Axiome. Eine gängige Schlussregel (genannt *modus ponens*, oder auf Deutsch *Abtrennungsregel*) ist: wenn man die beiden Aussagen A und $A \rightarrow B$ bereits gezeigt hat, dann darf man auf die Aussage B schließen. Symbolisch wird dies in der mathematischen Logik meist folgendermaßen notiert:

$$\frac{A, \quad A \rightarrow B}{B}$$

Man kann ein Axiom als spezielle Form einer Schlussregel auffassen, nämlich eine Schlussregel mit leerer Prämisse. Eine Zusammenstellung von Axiomen und dazu gehörigen Schlussregeln nennt man einen **Kalkül**. Ist ein solcher Kalkül erst einmal aufgestellt, ist das Beweisen nur noch ein formales Spiel, wie ein Puzzle, bei dem man die vorgegebenen Bausteine frei kombinieren kann. Letztlich könnte diese Aufgabe ein Computer übernehmen – und dies wird tatsächlich auch erforscht – wenn da nicht die ungeheure kombinatorische Explosion wäre. Ein in Informatik-, insbesondere KI-Anwendungen, häufiger Kalkül ist der Resolutionskalkül, der im Abschnitt über indirektes Beweisen erwähnt wird. Ein **Beweis** (relativ zu einem gegebenen Kalkül) ist eine Folge von Formeln, die entweder Axiome des Kalküls darstellen, oder sich durch Anwendung einer Schlussregel des Kalküls auf Formeln, die in der Folge *vor* der fraglichen Formel stehen, ergeben. Einen langen Beweis korrekt und zielsicher zu finden und zu führen, erfordert viel mathematische Intuition und Erfahrung. Bisher konnten die Computer die Menschen an dieser Stelle noch nicht ersetzen. (Sagen wir mal vorsichtig: „Gott sei Dank".)

3 Grundlegende Beweistechniken

Aus der Schulzeit sind Beweise meist als etwas Unangenehmes bekannt. Etwas, das man zunächst überspringt oder womit man sich gar nicht befasst. Aber es ist doch so, dass man als Informatiker Computerprogramme schreibt und sich permanent Gedanken darüber machen machen muss, warum man genau diese Zeile Text schreibt, ob damit wirklich alle Fälle erfasst sind, und ob die Programmschleife irgendwann mal endet usw. Das heißt, beim Entwerfen eines Computerprogramms muss man sich Gedanken machen über den „Beweis", dass dieses Programm korrekt ist, also das gewünschte Ergebnis liefert – auch wenn dieser Beweis nicht explizit aufgeschrieben wird. Insofern sind wir Informatiker permanent mit Beweisen beschäftigt. Tatsächlich sind diese Beweise gar nicht anders als in der Mathematik. Deshalb sollte man sich alle Tipps und Tricks anschauen, wie man richtig mathematisch beweist. Viele Beweismethoden werden im Folgenden mittels mathematischer Beispiele illustriert und sind, wie gesagt, im Informatik-Kontext meist kein bisschen anders. In diesem Teil des Leitfadens geben wir einige Beispiele von Beweismethoden und von typischen Argumenten an, die innerhalb von Beweisen verwendet werden. Mathematisches Beweisen kann man verstehen als eine Mischung aus geschickten Formelmanipulationen, mit deren Möglichkeiten und Tricks man natürlich vertraut sein sollte (z.B. Auflösen von Gleichungssystemen, Nullstellen bestimmen, Partialbruchzerlegung, Integration durch Substitution etc.) sowie „Beweisheuristiken", also bestimmte, in vielen Beispielen erprobte Arten, wie man mit Erfolg die Konzeption eines Beweises durchführen kann. Um das Letztere soll es im Folgenden vor allem gehen.

Viele Beweistechniken haben ihre Entsprechung in der Welt der Programmierung und der Programmiersprachen: Fallunterscheidungen haben mit If-Abfragen zu tun, Induktion mit Schleifen-Programmierung und rekursiven Prozeduren, das Konzept des indirekten Beweisens liegt dem Auswertungsmechanismus von Prolog zugrunde, probabilistische Existenzbeweise können zu stochastischen Algorithmen ausgebaut werden; und man benötigt mathematische Beweisführung wiederum, um die Korrektheit von Pro-

Natürlich hat man nicht völlige Freiheit, wenn man Axiome und Schlussregeln aufstellt. Axiome sollten wahre Tatsachen darstellen; jedenfalls solche, von denen man es glaubt. Und Schlussregeln sollten korrekt sein, in dem Sinne, dass sie von wahren Aussagen keine Schlüsse auf falsche Aussagen gestatten.

Manche Axiome (wie das so genannte Auswahlaxiom[1], oder englisch „Axiom of Choice", abgekürzt AC), auch manche Schlussregeln (etwa solche, die einem nicht-konstruktiven Existenzbeweis zugrunde liegen) werden nicht von allen Mathematikern akzeptiert. Zumindest fasst man solche Beweisschritte oft „mit spitzen Fingern" an und betont dann extra: „dieser Beweis verwendet das Auswahlaxiom".

Normalerweise ist das Beweisen in diesem Sinne, dass man jeden einzelnen Schritt exakt auf ein Axiom zurückführt oder mit einer Schlussregel begründet, ein äußerst mühsames Geschäft.[2] Deshalb setzen die üblichen Beweise in der Mathematik auf einer höheren Abstraktionsstufe an. Man geht davon aus, dass man die Gesetzmäßigkeiten zum Beispiel der natürlichen Zahlen bereits ausreichend fundiert hat, und dass man bei einer Gleichung wie $f(x) - 5 = g(x)$ ohne weitere Beweisbegründung zu $f(x) = g(x) + 5$ übergehen kann. Es erfordert Erfahrung und Fingerspitzengefühl auszuloten, was man bei einer Beweisbegründung getrost weglassen kann und was man auf jeden Fall erwähnen sollte. Einen Beweis verständlich aufzuschreiben, ist durchaus eine Kunst für sich.

3.2 Direkter Beweis, „Definition Chasing"

Viele Beweise lassen sich allein dadurch führen, dass man konsequent die entsprechenden beteiligten Definitionen anwendet und einsetzt.

Beispiel: Im Abschnitt über Relationen wurde folgende Gleichung behauptet:

$$(R \circ S)^T = S^T \circ R^T$$

[1] Das Auswahlaxiom besagt Folgendes: Nehmen wir an, wir haben es mit beliebigen Mengen X_i zu tun, indiziert mittels $i \in I$, wobei I eine unendliche Menge ist. Dann wird mittels Auswahlaxiom (nicht-konstruktiv) die Existenz einer Funktion $f : I \to \bigcup_{i \in I} X_i$ postuliert, so dass $f(i) \in X_i$ für alle $i \in I$ gilt. Das heißt, f wählt aus *jeder* Menge X_i *irgendein* Element aus, was bei endlichen (Index-)Mengen natürlich eine triviale Angelegenheit wäre.

[2] Im Buch von Paul (siehe Literaturverzeichnis) findet man ein System von insgesamt 21 Axiomen und Schlussregeln angegeben, die man braucht, um den Umgang mit natürlichen Zahlen mit Addition und Multiplikation zu fundieren. Allein der Beweis von $x = x$ in diesem System erfordert 17 Beweisschritte.

Der Beweis dieser Behauptung ist ein schönes Beispiel für Definition Chasing, also immer nur konsequent die Definitionen ineinander einsetzen. Es gilt für alle x, y:

$$
\begin{array}{lll}
(x,y) \in (R \circ S)^T & & \\
\text{gdw.} & (y,x) \in R \circ S & \text{(Definition von } T\text{)} \\
\text{gdw.} & \exists z : (y,z) \in R \wedge (z,x) \in S & \text{(Definition von } \circ\text{)} \\
\text{gdw.} & \exists z : (z,y) \in R^T \wedge (x,z) \in S^T & \text{(Definition von } T\text{)} \\
\text{gdw.} & \exists z : (x,z) \in S^T \wedge (z,y) \in R^T & \text{(Kommutativität von } \wedge\text{)} \\
\text{gdw.} & (x,y) \in S^T \circ R^T & \text{(Definition von } \circ\text{)}
\end{array}
$$

Diese Umformungskette mittels „gdw“ zeigt also, dass $(R \circ S)^T = S^T \circ R^T$.

Hier ist ein weiteres Beispiel für einen direkten Beweis; man zeige folgenden Satz:

Wenn eine natürliche Zahl n ungerade ist, dann ist auch n^2 ungerade.

Beweis: Da n ungerade ist, gibt es eine Zahl k, so dass $n = 2k + 1$ ist. Damit folgt $n^2 = (2k+1)^2 = 4k^2 + 4k + 1$. Sowohl $4k^2$ als auch $4k$ sind durch 4 teilbar und damit gerade Zahlen. Also ist $4k^2 + 4k + 1$ eine ungerade Zahl.

Solche Beweise wie die obigen werden meist lapidar „Beweis durch Nachrechnen“ genannt. Dass ein direkter Beweis, der nichts anderes als einfache bekannte Gesetzmäßigkeiten verwendet (im Folgenden z.B. das Distributivgesetz) keineswegs so einfach sein muss, zeigt der nachfolgende Beweis der Ungleichung von Cauchy-Schwarz (vgl. den Abschnitt über Matrizen und Skalarprodukt):

$$\langle a,b\rangle^2 \leq \langle a,a\rangle \cdot \langle b,b\rangle$$

Diese beweisen wir wie folgt. Es gilt für jede reelle Zahl λ:

$$
\begin{array}{rcl}
0 & \leq & \langle \lambda a - b, \lambda a - b\rangle \\
 & = & \langle \lambda a, \lambda a - b\rangle - \langle b, \lambda a - b\rangle \\
 & = & \lambda^2 \cdot \langle a,a\rangle - 2\lambda \cdot \langle a,b\rangle + \langle b,b\rangle
\end{array}
$$

Indem wir $\lambda = \frac{\langle a,b\rangle}{\langle a,a\rangle}$ einsetzen, erhalten wir:

$$
\begin{array}{rcl}
0 & \leq & \frac{\langle a,b\rangle^2}{\langle a,a\rangle^2} \cdot \langle a,a\rangle - 2\frac{\langle a,b\rangle}{\langle a,a\rangle} \cdot \langle a,b\rangle + \langle b,b\rangle \\
 & = & -\frac{\langle a,b\rangle^2}{\langle a,a\rangle} + \langle b,b\rangle
\end{array}
$$

Hieraus ergibt sich die Ungleichung von Cauchy-Schwarz.

3.3 Fallunterscheidungen

Indem man den Wertebereich, über den man – typischerweise im Rahmen einer allquantifizierten Aussage – etwas beweisen möchte, geschickt in verschiedene Fälle, also disjunkte Teilmengen, aufteilt, kann man sich oft die (Beweis-)Arbeit wesentlich vereinfachen. Man muss nicht an alle Eventualitäten auf einmal denken, sondern kann sich dies Fall für Fall im Einzelnen vornehmen. Jeder Fall erfordert möglicherweise ein etwas anderes Beweisargument. Wie man die verschiedenen Fälle aufteilt, muss sich an der zu beweisenden Aussage orientieren.

Manche Fallunterscheidungen sind solcherart, dass der Wertebereich, wie bei dem Konzept der Äquivalenzrelation, in verschiedene (Äquivalenz-)Klassen unterteilt wird. Jede von diesen Klassen könnte dann eine unendliche Menge sein.

Das folgende Beispiel ist von dieser Art: Um zu zeigen, dass für alle $n \in \mathbb{N}$ gilt

$$\left\lfloor \frac{n}{2} \right\rfloor + \left\lceil \frac{n}{2} \right\rceil = n$$

unterscheidet man taktischerweise wohl am besten die folgenden zwei Fälle, nämlich n ist gerade (dann gilt: $\lfloor \frac{n}{2} \rfloor = \lceil \frac{n}{2} \rceil = \frac{n}{2}$), und n ist ungerade (dann gilt: $\lfloor \frac{n}{2} \rfloor = \frac{n-1}{2}$, $\lceil \frac{n}{2} \rceil = \frac{n+1}{2}$). Der Rest ergibt sich dann „durch Nachrechnen".

Andere Fallunterscheidungsbeweise sind solcherart, dass man sich der Reihe nach einen Rand- oder Spezialfall nach dem anderen vornimmt. Diese „Sonderfälle" umfassen dann meist nur endlich viele Werte oder auch nur einen einzigen speziellen Wert der betreffenden Grundmenge (z.B. $n = 0$ oder $n = 1$). Nachdem diese Spezialfälle abgehandelt sind, stößt man zum eigentlichen „Kern" der zu beweisenden Aussage durch.

Soll beispielsweise eine bestimmte Aussage für alle Primzahlen gezeigt werden, dann ist es manchmal sinnvoll, den Fall der Primzahl 2 gesondert zu behandeln, da diese Zahl als einzige geradzahlige Primzahl eine Sonderstellung einnimmt und ggf. ein anderes Beweisargument erfordert als der allgemeine Fall. Im Hauptteil des Beweises zeigt man dann die Aussage für alle *ungeraden* Primzahlen.

Gelegentlich ist es so, dass im Beweis eines bestimmten Falles eine Situation auftritt, die einem bereits zuvor behandelten Fall entspricht, so dass man dann den Beweis dieses Falles unter Hinweis auf den bereits behandelten Fall erfolgreich abschließen kann.

Aus der Erfahrung beim Programmieren weiß man, dass man Fallunterscheidungen mittels If-Then-Else realisieren kann, wobei sowohl beim Programmieren wie auch beim Beweisen wichtig ist, dass die durchgeführte Fallunterscheidung vollständig ist, also alle potenziellen Fälle erfasst. Es ist ganz besonders wichtig, nicht die Randfälle zu vergessen, also z.B. auch den kleinst-möglichen Wert zu berücksichtigen, den ein Parameter annehmen kann. Beim systematischen Programm-Testen versucht man, solche (und so viele) Eingaben für das Programm zu konstruieren, so dass man durch diese Eingaben in alle möglichen innerhalb des Programms getroffenen Fallunterscheidungen hineingerät – und diese dann auf korrekte Ausführung überprüfen kann.

Dieser Vorgehensweise des Programm-Testens sind jedoch Grenzen gesetzt. Werden in einem Programm ineinander verschachtelt n If-Abfragen gestellt, so führt dies im Allgemeinen auf 2^n verschiedene Einzelfälle, die man kaum noch systematisch alle testen kann (vgl. hierzu auch den Abschnitt über informationstheoretische Argumente). Um z.B. ein Sortierprogramm auf Korrektheit zu testen, macht es keinen Sinn, dieses mit allen $n!$ möglichen Permutationen des Eingabearrays zu testen (und dann auch noch für $n = 1, 2, 3, \ldots$). Man sagt: Durch Testen kann man nur die Anwesenheit von Fehlern feststellen, nicht aber ihre Abwesenheit[3].

Man muss also darüber hinaus andere umfassendere Methoden der Programmverifikation entwickeln (vgl. Abschnitt über Schleifeninvariante).

3.4 Implikation, Äquivalenz, Ringschluss

Oftmals soll die Äquivalenz zweier Aussagen A und B, also $A \leftrightarrow B$, bewiesen werden. Dies zeigt man üblicherweise so, dass man separat die beiden Implikationen $A \rightarrow B$ und $B \rightarrow A$ zeigt. Dies kann man dann auf direktem Wege oder durch einen indirekten Beweis (siehe nächster Abschnitt) zeigen. Es könnte also sein, dass man eigentlich zeigt: $A \rightarrow B$ und $\neg A \rightarrow \neg B$.

Ähnlich zeigt man, wenn die Gleichheit zweier Mengen $M_1 = M_2$ nachgewiesen werden soll, nacheinander zunächst, dass M_1 in M_2 enthalten ist, und dann, dass M_2 in M_1 enthalten ist. Dementsprechend sieht man oft, vor allem bei Tafelanschrieben, dass entsprechende Beweisabschnitte mit dem Kürzel $(\subseteq)$, $(\Rightarrow)$ bzw. $(\supseteq)$, $(\Leftarrow)$ eingeleitet werden.

---

[3] Ein bekanntes Zitat von Edsger Wybe Dijkstra (1930–2002), holländischer Informatik-Pionier, Entwickler der Programmiersprache ALGOL.

In manchen Fällen ist es bei Äquivalenzbeweisen $A \leftrightarrow B$ geschickt, eine dritte Aussage C hinzuzuehmen, und ebenfalls deren Äquivalenz zu A und B zu zeigen. Dies kann man dann durch einen **Ringschluss** erledigen: man zeigt, aus A folgt B, aus B folgt C, und aus C folgt A. (Oder evtl. auch anders herum.) Möglicherweise ist eigentlich nur eine der Implikationen, zum Beispiel aus B folgt A, wirklich von Interesse. Durch Dazwischenschieben der Aussage C hat man sich dann den Beweis erleichtert.

Beispiel: In der Theoretischen Informatik zeigt man die Äquivalenz der folgenden drei Aussagen:

1. L wird durch einen endlichen Automaten akzeptiert,
2. L wird durch einen regulären Ausdruck repräsentiert,
3. L wird durch einen nichtdeterministischen endlichen Automaten akzeptiert.

Eigentlich besteht das Hauptaugenmerk auf der Äquivalenz von 1 und 2. Es zeigt sich aber, dass der direkte Beweis von 2 nach 1 nicht so einfach ist. Daher hat man das (ansonsten künstliche) Konzept des nichtdeterministischen Automaten dazwischen geschoben und den schwierigen Beweis (im Zuge eines Ringschlusses) in zwei Teile aufgebrochen: Von 2 nach 3, und von 3 nach 1. (Um die Äquivalenz aller drei Aussagen nachzuweisen, muss natürlich auch noch der Beweis von 1 nach 2 hinzukommen.)

Was die Quantorenstruktur (siehe Abschnitt über Quantoren) betrifft, so hat jede der im obigen Ringschluss vorkommenden Implikationen die Form:

$$(\exists A : L = L(A)) \rightarrow (\exists B : L = L(B))$$

Hierbei ist A ein entsprechender Automat, Grammatik oder regulärer Ausdruck, und B ein anderer Typ von Automat, Grammatik, regulärer Ausdruck etc. Hierzu genügt es zu zeigen (siehe Abschnitt über „es genügt zu zeigen"), dass

$$\forall A \, \exists B : L(A) = L(B)$$

Beweistechnisch muss also eine Konstruktion angegeben werden, die (ein beliebiges) A in ein entsprechendes B überführt (also eine Skolem-Funktion $A \mapsto B$). Sodann muss $L(A) = L(B)$ gezeigt werden, zum Beispiel, indem man dies in die beiden Bestandteile $L(A) \subseteq L(B)$ und $L(B) \subseteq L(A)$ aufbricht, und diese einzeln beweist.

Solche Beweise, die eine Sprachspezifikation oder einen Funktionsberechnungsmechanismus in einen anderen, äquivalenten, überführen, findet man sehr häufig in der Theoretischen Informatik.

Noch eine Bemerkung am Rande: Mathematiker stellen manchmal die Aussage auf: „Der Satz A ist äquivalent zum Satz B“. Das klingt seltsam, denn Satz A ist eine wahre Aussage, und Satz B ebenfalls, und damit ist klar, dass die Äquivalenz (wahr $\leftrightarrow$ wahr) auch eine wahre Aussage darstellt. Wieso sollte man diese Tatsache besonders betonen? So ist es aber nicht gemeint. Die Äquivalenz zweier Sätze A und B bedeutet, dass sich unter Verwenden von Satz A als Voraussetzung der Satz B *leicht* beweisen lässt (also ohne technisch sehr aufwändige nicht-elementare Hilfsmittel zu verwenden, oder ohne z.B. das Auswahlaxiom zu verwenden), und umgekehrt.

3.5 Indirekter Beweis, Beweis durch Widerspruch

Der zu beweisende Satz habe die Bauart „Aus A folgt B“. Hierbei ist B die Behauptung, auf die es ankommt, und A ist die Voraussetzung, die gelten soll (die manchmal auch aus mehreren Komponenten bestehen kann: $A = A_1 \wedge A_2 \wedge \ldots \wedge A_k$). Oder aber, es ist überhaupt keine Voraussetzung A formuliert, auch in diesem Fall gelten aber implizit Voraussetzungen, nämlich dass die üblichen Rechenregeln der Mathematik und Logik ihre Gültigkeit haben. Bei einem **indirekten Beweis** nimmt man nun an, dass die Behauptung nicht gilt, also dass $\neg B$ gilt. Unter dieser Annahme zieht man nun Schlüsse und kommt schließlich zu dem Ergebnis, dass $\neg A$, oder aber irgendeine der implizit getroffenen Voraussetzungen nicht gelten kann. Es entsteht also ein logischer Widerspruch: A und $\neg A$. Dieser logische Konflikt ist nur so zu beheben, dass die eingangs getroffene Annahme, dass $\neg B$ gelte, falsch sein muss, dass also die Behauptung B richtig sein muss. (Eine dritte Möglichkeit gibt es nicht, eine Aussage B ist entweder falsch, oder wenn sie nicht falsch ist, so muss sie richtig sein. Dieses Grundprinzip vom „ausgeschlossenen Dritten“ – tertium non datur – wird hier ausgenutzt.) Logisch betrachtet beweist man also statt der direkten Implikation $A \rightarrow B$ die logisch äquivalente Kontraposition, also $\neg B \rightarrow \neg A$.

Es gibt ein paar wunderbare klassische Beispiele für indirekte Beweise. Wir wollen zeigen, dass $\sqrt{2}$, also diejenige positive Zahl z, die mit sich selbst multipliziert 2 ergibt, keine rationale Zahl sein kann. Der Beweis dieser Aussage geht auf Euklid[4] zurück. Rationale Zahlen können immer als Brüche $\pm\frac{p}{q}$ dargestellt werden mit natürlichen Zahlen p und q ; dies ist gerade die Definition der rationalen Zahlen. Außerdem kann man gemeinsame Faktoren aus p und q immer kürzen. Wenn also zum Beispiel $p = 2k$ für eine Zahl k und $q = 2m$ für eine Zahl m, dann könnte man statt des Bruchs $\frac{p}{q}$ auch genausogut $\frac{k}{m}$ schreiben. Nehmen wir – im Sinne eines indirekten Beweises – also an, die Zahl z habe die Form $\frac{p}{q}$, wobei die Zahlen p und q bereits gekürzt sind; insbesondere sind nicht beides gerade Zahlen. Dann gilt also:

$$z^2 = 2 = \frac{p^2}{q^2} \quad \text{bzw.} \quad p^2 = 2 \cdot q^2$$

In der Primfaktorzerlegung von p^2 kommt also mindestens einmal der Faktor 2 vor. Da aber p^2 eine Quadratzahl ist und daher jeder Primfaktor doppelt vorkommt, muss die 2 sogar zweimal vorkommen, das heißt, p^2 ist durch 4 teilbar und p durch 2 teilbar. Dann muss aber, wenn man die rechte Seite betrachtet, auch q^2 durch 2 teilbar sein, und damit auch q. Also sind sowohl p als auch q gerade Zahlen. Das widerspricht der Voraussetzung der Teilerfremdheit. Widerspruch! Also kann die Zahl z nicht die Bauart $\frac{p}{q}$ haben, kann also keine rationale Zahl sein.

Ebenfalls auf Euklid geht der folgende indirekte Beweis zurück, nämlich für den Satz, dass es unendlich viele Primzahlen geben muss. Eine Primzahl ist eine Zahl, die sich nur durch 1 und durch sich selbst teilen lässt, aber keine anderen „nicht-trivialen" Teiler besitzt (wobei die 1 nicht als Primzahl gilt). Nehmen wir an – im Sinne eines indirekten Beweises – dass es nur endlich viele Primzahlen gibt, und zwar, dass $p_1, p_2, \ldots, p_k$ eine vollständige Liste aller Primzahlen sei (wobei $2 = p_1 < p_2 < p_3 < \ldots < p_k$). Betrachte nun die Zahl $n = 1 + \prod_{i=1}^{k} p_i$. Diese Zahl n ist größer als alle p_i's, kommt also in der Liste nicht vor. Daher folgt, dass n keine Primzahl sein kann (da die obige Liste annahmegemäß *alle* Primzahlen umfassen soll). Keine der Primzahlen p_i ist aber Teiler dieser Zahl n, denn wenn man n durch ein p_i teilt, so bleibt der Rest 1. Das bedeutet: n muss andere Teiler enthalten, als sie in der Liste unserer Primzahlen enthalten sind. Dies ist aber ein Widerspruch. Die Liste der Primzahlen kann nicht vollständig sein. Damit ist die Annahme, dass $p_1, p_2, \ldots, p_k$ eine vollständige Liste aller Primzahlen wäre, widerlegt. Es muss also unendlich viele Primzahlen geben.

---

[4] Lebte um 300 vor unserer Zeitrechnung in Athen und Alexandria.

Ein Klassiker unter den indirekten Beweisen im Bereich der Theoretischen Informatik ist der Nachweis, dass das **Halteproblem** unentscheidbar ist. Es ist also die Aussage zu beweisen, dass es keinen Algorithmus (bzw. kein Computerprogramm) geben kann, der als Eingabe ein Paar (x, y) erhält, und der x als Beschreibung eines Programms interpretiert und in endlich vielen Schritten entscheidet (durch die entsprechende Ausgabe 1 oder 0), ob das Programm, das durch x beschrieben wird, angesetzt auf die Eingabe y, stoppt oder nicht stoppt.

Man müsste natürlich zunächst präzise definiert haben, was ein Algorithmus bzw. Programm ist (z.B. Turing-Maschine), aber das indirekte Beweisargument kann man auch so verstehen: Angenommen, es gibt doch einen solchen Algorithmus, nennen wir ihn Q, der das Halteproblem lösen kann, wie soeben beschrieben. Das heißt, angesetzt auf eine Eingabe der Form (x, y), wobei x Codierung eines Programms ist[5] – nennen wir dieses Programm P_x – stoppt Q und gibt 1 oder 0 aus, je nachdem, ob P_x angesetzt auf y stoppt oder nicht stoppt. Wir notieren dies kompakt wie folgt:

$$Q(x,y) = \begin{cases} 1, & P_x(y)\downarrow \\ 0, & P_x(y)\uparrow \end{cases}$$

Nun modifizieren wir Q zu einem neuen Programm R, das als Eingabe ein einzelnes Wort z erhält und seine Eingabe z zunächst dupliziert und dann das Programm Q mit der Eingabe (z, z) startet. In dem Falle, wenn Q das Ergebnis 1 ausgeben würde, begibt sich R in eine Unendlichschleife, stoppt also nicht. Das folgende Diagramm skizziert den Aufbau von R:

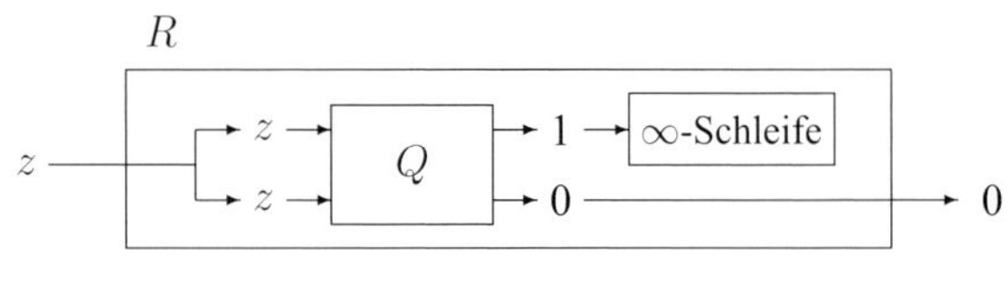

Das heißt, R verhält sich wie folgt:

$$R(z) = \begin{cases} \uparrow, & Q(z,z) = 1 \quad (\Leftrightarrow\ P_z(z)\downarrow) \\ 0, & Q(z,z) = 0 \quad (\Leftrightarrow\ P_z(z)\uparrow) \end{cases}$$

Insbesondere heißt dies, dass R im zweiten Fall stoppt (und im ersten Fall, wie gesagt, nicht stoppt). Sei r die Codierung dieses Programms R, also $P_r = R$. Wir verfolgen

[5] Es spielt keine Rolle, wie sich Q verhält, wenn x nicht eine syntaktisch korrekte Codierung eines Programms ist.

nun, was passiert, wenn R angesetzt wird auf die Eingabe r. Es gelten folgende Implikationsketten, welche die zwei Möglichkeiten, R angesetzt auf r stoppt oder stoppt nicht, konsequent weiter verfolgen.

$$R(r)\downarrow \quad\Rightarrow\quad Q(r,r)=0 \quad\Rightarrow\quad P_r(r)\uparrow \quad\Rightarrow\quad R(r)\uparrow$$

$$R(r)\uparrow \quad\Rightarrow\quad Q(r,r)=1 \quad\Rightarrow\quad P_r(r)\downarrow \quad\Rightarrow\quad R(r)\downarrow$$

Die erste Implikation ergibt sich aus der Konstruktion von R; die zweite aus der postulierten Eigenschaft von Q; die dritte aus $P_r = R$.
Dies ist ein Widerspruch, der beweist, dass ein solches Programm Q, das das Halteproblem lösen kann, nicht existieren kann.

Wenn man einen indirekten Beweis führt, und dabei das Komplement einer „für alle"-Behauptung annehmen muss, dann heißt das, man nimmt an, dass mindestens ein **Gegenbeispiel** x existiert, für das die Behauptung nicht gilt. Wenn es sich um eine Behauptung über natürliche Zahlen (oder eine andere abzählbare Objektmenge) handelt, dann ist es beweistaktisch oft klug zu sagen: „Sei x *das kleinste* Gegenbeispiel" (denn eine nicht-leere Menge von natürlichen Zahlen hat immer ein kleinstes Element).[6] Oft ist es so, dass man aus einem solchen Gegenbeispiel ein weiteres konstruieren kann, das noch kleiner ist. Da man x aber schon als das kleinste gewählt hatte, ist dies ein Widerspruch.[7] Oder aber, man kann die Tatsache, dass x das kleinste Gegenbeispiel ist, in anderer Weise im weiteren Verlauf des Beweises verwenden. Ein Beispiel für einen derartigen indirekten Beweis, der auf dem kleinsten Gegenbeispiel beruht, findet man im Abschnitt über Existenz und Eindeutigkeit.

Ein indirekter Beweis endet meist mit der Aussage „Widerspruch"; hierfür wird, zum Beispiel bei Tafelanschrieben, oft auch das Blitz-Zeichen $\lightning$ verwendet. Im Angelsächsischen ist das nicht so geläufig. Dort sieht man gelegentlich das Zeichen $\Rightarrow\Leftarrow$.

Wir wollen noch anmerken, dass manche Autoren den indirekten Beweis und den Beweis durch Widerspruch voneinander abgrenzen. In beiden Fällen wird von der Annahme $\neg B$ ausgegangen. Beim indirekten Beweis wird auf $\neg A$ geschlossen, und damit hat man die

[6] Ein solches kleinstes Gegenbeispiel wird oft schelmisch ein „kleinster Verbrecher" genannt.

[7] Man könnte auch so argumentieren, dass man für das nächste kleinere Gegenbeispiel wieder ein kleineres konstruieren könnte, usw., was schließlich zu einem Widerspruch führt. So formuliert, nennt man dies auch die Beweismethode des unendlichen Abstiegs.

logisch äquivalente Aussage $A \to B$ gezeigt. Beim Beweis durch Widerspruch wird neben der Annahme $\neg B$ die ursprüngliche Voraussetzung A beibehalten. Indem man im Verlauf des Beweises auf $\neg A$ schließt, müssten also sowohl A als auch $\neg A$ wahr sein, also erhält man einen logischen Widerspruch. Da das Wesentliche an einem solchen Beweis die Annahme von $\neg B$ und die Verfolgung der sich daraus ergebenden Schlussfolgerungen ist, halten wir die sprachliche Unterscheidung zwischen einem indirekten Beweis und einem Beweis per Widerspruch als „nicht der Rede wert".

Wir wollen noch erwähnen, dass der Auswertungsmechanismus für in der Programmiersprache Prolog (= Programming in Logic) geschriebene Programme (der Prolog-Interpreter) verstanden werden kann als ein automatisches Theorem-Beweisprogramm, das auf dem Prinzip des indirekten Beweisens beruht. Die zugrunde liegende Idee bei Prolog ist, dass der Programmierer lediglich die für die Lösung des Problems notwendigen Fakten und anzuwendenden Regeln bereitstellt, selber jedoch keine algorithmischen Anweisungen formuliert. Das Lösen des gestellten Problems übernimmt dann automatisch der Prolog-Interpreter. Dieser wird gestartet, indem der Anwender sozusagen eine Frage an das System stellt, z.B. in der Form:

$$?-\ P(x)$$

Dies bedeutet: Versuche die Aussage $\exists x\, P(x)$ zu beweisen (also zu zeigen, dass diese Aussage aus den zuvor eingegebenen Fakten und Regeln folgt), und im positiven Fall soll dann auch noch für die Variable x ein geeigneter Wert a angegeben werden, welcher das Prädikat P erfüllt. Die Antwort des Systems könnte dann also lauten:

$$\text{yes: } x = 5$$

Um zu diesem Ergebnis zu kommen, arbeitet der Prolog-Interpreter im Sinne eines indirekten Beweises; er nimmt an, es gelte die komplementäre Aussage, also $\forall x\, \neg P(x)$. Im weiteren Verlauf wird dann diese Annahme widerlegt mit Hilfe eines Gegenbeispiels (hier $x = 5$), und dieses ist dann die Antwort auf die ursprünglich gestellte Frage, ob ein solches x existiert. Im allereinfachsten Fall geht das so, dass der Programmierer in seinem Prolog-Programm zuvor das Faktum $P(5)$ aufgestellt hat. Dies widerspricht natürlich der Aussage $\forall x\, \neg P(x)$. Dieser Konflikt wird meist folgendermaßen dargestellt:

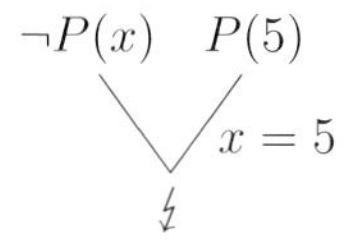

Diese Form der Kombination zweier Aussagen zu einer neuen (hier: zum logischen Widerspruch ↯) nennt man auch **Resolution**. Statt des Blitz-Zeichens wird in diesem Kontext meist das Symbol $\Box$ verwendet (was sinnigerweise gleichzeitig auch das Beweisendezeichen ist; bei einem indirekten Beweis fällt das Herleiten eines Widerspruchs mit dem Beweisende zusammen).

In dieser Form wäre Prolog nur eine Art Datenbank-Abfragesprache, wobei hier ähnlich wie bei der SELECT-Anweisung in SQL (Structured Query Language) abgefragt wird, ob Daten vorliegen, die die Relation P erfüllen. Die Mächtigkeit von Prolog (bzw. des Prolog-Interpreters) besteht darin, auch komplexere logische Schlüsse ziehen zu können. Nehmen wir diesmal an, $P(5)$ liege nicht explizit als Bestandteil des Prolog-Programms vor, dafür aber $Q(5)$ und $P(y) \vee \neg Q(y)$. Letzteres ist zu verstehen als: $\forall y\,(Q(y) \rightarrow P(y))$. Dann findet der Prolog-Interpreter folgende Beweisableitung eines Widerspruchs, die ebenfalls auf die Antwort „$x = 5$“ führt:

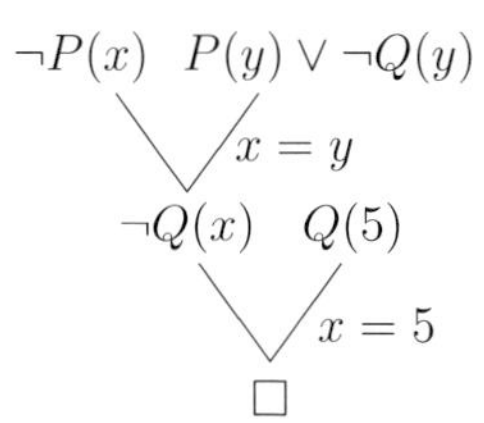

Allgemein ist der Resolutions-Widerspruchsbeweis, den der Prolog-Interpreter zu finden versucht, von der folgenden Form:

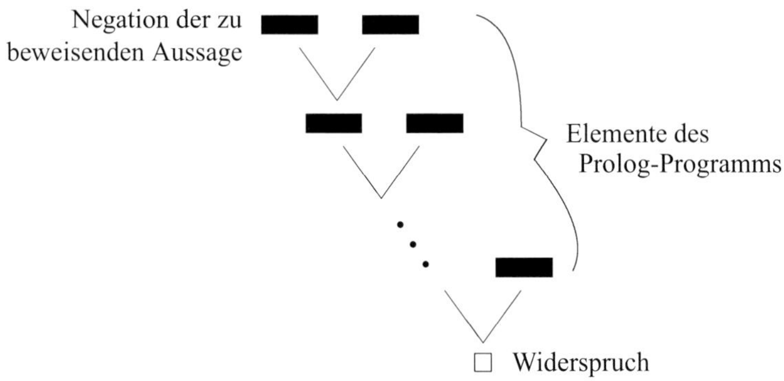

3.6 „Es genügt zu zeigen", Verschärfung und Abschwächung

Die Floskel „es genügt zu zeigen, dass" deutet darauf hin, dass man die ursprünglich zu beweisende Aussage A durch eine neue B ersetzt, und von nun an gedenkt, B zu beweisen. Das ist natürlich nur zulässig, wenn die Implikation $B \to A$ gilt. Man nennt dann auch B eine **Verschärfung** der Aussage A und umgekehrt A eine **Abschwächung** der Aussage B.

Dieser beweistechnische Trick wird meist beim Beweis von komplizierten Ungleichungen, sagen wir, $f(x) \leq g(x)$, eingesetzt. Die Funktionen f und g können evtl. kompliziert aufgebaut sein, so dass man nicht so einfach nach x auflösen, also x auf eine Seite bringen kann. In diesem Fall kann es helfen $f(x)$ durch eine strukturell einfacher aufgebaute Formel $f_1(x)$ zu ersetzen. Es muss allerdings $f(x) \leq f_1(x)$ gewährleistet sein. (Analog: man könnte $g(x)$ durch eine strukturell einfachere Formel $g_1(x)$ ersetzen, es muss aber $g_1(x) \leq g(x)$ gewährleistet sein.)

Die Argumentation könnte dann lauten: Anstelle $f(x) \leq g(x)$ zu beweisen, genügt es $f_1(x) \leq g_1(x)$ zu zeigen (denn es gilt: $f_1(x) \leq g_1(x) \to f(x) \leq g(x)$).

Das Seltsame ist, dass man eine stärkere Aussage, eine Verschärfung der ursprünglichen Behauptung, beweist, was sich aber in manchen Fällen beweistechnisch als einfacher herausstellen kann. Dies liegt daran, dass die neue Ungleichung evtl. einfacher zu handhaben ist, und z.B. nach x aufgelöst werden kann, etc. Eine ähnliche Situation, bei der es Sinn macht, die zu beweisende Aussage zu verschärfen, findet man oft bei Induktionsbeweisen (siehe entsprechenden Abschnitt).

Beispiel: Zu zeigen sei $f(x)+sin\, x \leq g(x)$. Man könnte versuchen stattdessen zu zeigen $f(x) + 1 \leq g(x)$, was, je nach Art der Funktionen f und g gelingen kann, oder auch nicht.

Insbesondere bei Tafelanschrieben, wo eine kompakte, optisch einprägsame Schreibweise bevorzugt wird, wird eine Gleichung oder Ungleichung, über die im Rahmen eines Beweisganges gesagt wurde, diese „genüge es noch zu zeigen", mit einem Ausrufezeichen versehen. Beispielsweise schreibt man dann:

$$f(x) + 1 \overset{!}{\leq} g(x)$$

Die nachfolgenden Umformungsschritte müssen nun *rückwärts* gerichtete Implikationen (oder Äquivalenzumformungen) sein, bis man bei einer wahren Aussage (Axiom) angelangt ist, wie etwa $0 \leq 1$

3.7 „Ohne Beschränkung der Allgemeinheit"

Manche Beweise beginnen in den ersten Sätzen mit der Floskel „Ohne Beschränkung der Allgemeinheit" oder abgekürzt **OBdA**. Im harmlosesten Fall kann dies heißen, dass der Beweisende ein paar Annahmen über die Notation oder über die Nummerierung der Objekte macht, mit denen man im weiteren Verlauf des Beweises umzugehen hat, und betont durch diese Floskel, dass diese Annahmen keinen Einfluss auf die Wirksamkeit und Allgemeingültigkeit des Beweises haben.
Beispiel: Es soll eine Aussage über alle Graphen gezeigt werden. Der Beweistext könnte lauten: OBdA nehmen wir an, der Graph habe n Knoten, und die Knoten seien von 1 bis n durchnummeriert...
Von nun an hat man eine bessere Handhabe, um über die Knoten zu sprechen. Das ist harmlos, und das mittels „OBdA" einzuführen war eigentlich fast überflüssig.

Wichtiger sind folgende Situationen. Durch die OBdA-Annahme wird die Menge der Objekte, für die man den Beweis führt, echt eingeschränkt, und es ist zunächst gar nicht klar, ob man auf diese Weise wirklich ein Beweisargument für *alle* Objekte führen kann. Es soll also eine Abschwächung der Behauptung bewiesen werden. Hierzu erinnere man sich, was wir im Abschnitt über Normalformen gesagt haben. Wenn die OBdA-Annahme sich auf eine Normalform für den betreffenden mathematischen Objekttyp bezieht (die man zuvor nachgewiesen hat), dann geht das in Ordnung.

Beispiel: Es soll eine Aussage über alle kontextfreien Sprachen bewiesen werden. Beweistext: Sei L eine beliebige kontextfreie Sprache, die von einer kontextfreien Grammatik G erzeugt wird. OBdA nehmen wir an, dass G in Chomsky-Normalform vorliegt, usw.

Oder ein anderes Beispiel: Es soll eine Aussage über alle rationalen Zahlen bewiesen werden. Beweistext: Sei z eine rationale Zahl. Also hat z die Form $\frac{p}{q}$ oder $-\frac{p}{q}$ für zwei natürliche Zahlen p und q. OBdA nehmen wir an, dass p und q teilerfremd sind, also dass dies bereits eine gekürzte Darstellung für z ist, usw. (In dieser Weise hatten wir in dem Beispiel des letzten Abschnitts bereits argumentiert, allerdings ohne die Floskel „OBdA" zu verwenden.)

Solche OBdA's können für das Führen eines Beweises äußerst nützlich sein und diesen wesentlich verkürzen. Wenn man OBdA in einem Beweis benutzt, sollte man grundsätzlich immer überlegen, dass die getroffene Einschränkung tatsächlich die „Allgemeinheit nicht beschränkt", also keine anders zu behandelnden Fälle unterschlägt.

3.8 Existenz und Eindeutigkeit

Aussagen, dass eine Lösung existiert und dass diese eindeutig ist, treten sehr oft gepaart miteinander auf. Die betreffenden Beweise dieser zwei Seiten einer Medaille sind jedoch im Allgemeinen sehr unterschiedlich.

Um zu zeigen, dass eine Lösung für eine gegebene Problemstellung (zum Beispiel ein Gleichungssystem) existiert (unter den getroffenen Voraussetzungen), wird häufig eine systematische Methode angegeben, wie man eine solche Lösung gewinnen kann.

Um die Eindeutigkeit der Lösung zu zeigen, wird meist mit einem indirekten Beweis argumentiert. Man nimmt entweder rein syntaktisch an, es gibt zwei Lösungen, und zeigt dann, dass diese fiktiven Lösungen gleich sein müssen. Oder aber man startet mit der Annahme, dass es zwei *verschiedene* Lösungen gibt und folgert aus dieser Annahme einen logischen Widerspruch.

Beispiel: Wir zeigen, dass jede natürliche Zahl größer als 1 eine Zerlegung in Primfaktoren besitzt, und dass diese (bis auf die Anordnung der Faktoren) eindeutig ist. Dies ist der Hauptsatz der elementaren Zahlentheorie.

Zunächst zur Existenz: Sei n eine natürliche Zahl größer als 1. Betrachte die kleinste natürliche Zahl t, größer als 1, die Teiler von n ist. Da n selbst Teiler von n ist, gibt es immer eine derartige kleinste Zahl; wir suchen nicht in der leeren Menge. Dieser Teiler t muss eine Primzahl sein, sonst hätten wir vorher noch eine kleinere Zahl t' gefunden, die t teilt und damit auch Teiler von n ist. Falls $t = n$, so ist n selbst Primzahl, und wir sind fertig, ansonsten können wir mit der Zahl n/t genauso weitermachen und erhalten eine Primfaktorzerlegung von n.

Nun zur Eindeutigkeit. Nehmen wir an (indirekter Beweis), es gibt eine Zahl, die mehr als eine Primfaktorzerlegung hat. Sei z die kleinste solche Zahl. Dann hat z die beiden Darstellungen

$$z = \prod_{k=1}^{n} p_k^{a_k} \quad \text{und} \quad z = \prod_{i=1}^{m} q_i^{b_i}$$

Keine der Primzahlen p_k kann mit einer der Primzahlen q_i identisch sein, sonst könnten wir z/p_k bilden und hätten eine kleinere Zahl als n gefunden, ebenfalls mit zwei verschiedenen Primfaktorzerlegungen. Da p_1 Primfaktor von z ist, teilt p_1 das Produkt $\prod_{i=1}^{m} q_i^{b_i}$. Deshalb muss es (aufgrund eines zuvor bewiesenen Lemmas) ein Teilprodukt geben, das mit p_1 identisch ist. Dieses Produkt kann aber nicht aus mehreren Faktoren bestehen, sonst wäre p_1 keine Primzahl. Also muss $p_1 = q_i$ für ein i sein, was der gerade diskutierten Disjunktheit der beiden Primzahlmengen widerspricht. Widerspruch.

Man beachte noch, dass das Konzept der Eindeutigkeit sehr sensibel dahingehend ist, wie groß bzw. wie feingranular man die Klasse der Objekte nimmt, über die man redet. Deshalb finden sich bei der Behauptung der Eindeutigkeit oft solche Zusätze wie bei den folgenden Beispielen: „Die Primzahlzerlegung ist – bis auf die Reihenfolge der Primfaktoren – eindeutig". Oder: „Der Minimalautomat ist – bis auf Isomorphie – eindeutig".

3.9 Effizient und effektiv

Mathematiker begnügen sich oft mit der Aussage, dass die Lösung existiert und eindeutig ist (vgl. vorheriger Abschnitt). Informatiker wollen oft zusätzlich wissen, mit welchem Berechnungsaufwand diese Lösung bestimmt werden kann.

Beispiel: Zu je zwei natürlichen Zahlen x und y gibt es eine eindeutig bestimmte natürliche Zahl z mit $z = x \cdot y$. Tatsächlich lässt sich dieses z effizient mit der üblichen Schulmethode (schriftliche Multiplikation) bestimmen. Der Rechenaufwand besteht aus quadratisch in der Anzahl der beteiligten Ziffern von x und y vielen Elementaroperationen (Anwendungen des „kleinen Ein-mal-Eins”). „Effizient“ nennt man ein Verfahren, so wie dieses, wenn der Rechenaufwand höchstens polynomial mit der Eingabelänge (Anzahl der Ziffern) ansteigt. Polynomial sind Funktionen der Art n^k, wobei k konstant ist, also nicht von n abhängt, und n dabei die Länge der Eingabe ist.

Man verwendet dagegen den Begriff „effektiv“, wenn nachweisbar ist, dass das gesuchte Objekt algorithmisch in endlicher Zeit bestimmt werden kann (also berechenbar ist) ohne eine weitere Laufzeitabschätzung.

Beispielsweise sagt man: Die Menge der regulären Sprachen ist *effektiv* unter Komplementbildung abgeschlossen. Denn im Beweis des Komplementabschlusses muss man z.B. zeigen, dass es für jeden endlichen Automaten M einen modifizierten Automaten M' gibt mit $L(M') = \overline{L(M)}$. (Hierbei entsteht M' aus M durch Vertauschung der Endzustände und Nicht-Endzustände.) Das heißt, man betont durch diese Sprechweise, dass die Skolem-Funktion $M \mapsto M'$, die im Beweis angegeben werden muss, algorithmisch berechenbar ist. Man fragt sich vielleicht, wieso man in diesem Fall nicht auch das Wort „effizient“ verwendet. Das liegt daran, dass wir nicht davon ausgehen können, dass die reguläre Sprache durch einen endlichen Automaten gegeben ist; es könnte z.B. auch ein regulärer Ausdruck sein. Dann wäre die entsprechende Konstruktion nicht mehr polynomial.

Es gibt in der Mathematik Existenzbeweise, die durch einen indirekten Beweis zustande kommen. Man nimmt also an, das gesuchte Objekt existiere nicht und folgert dann, dass diese Annahme auf einen logischen Widerspruch führt. So wird nun zwar die Existenz des fraglichen Objekts gezeigt, diese aber nicht mit einer algorithmischen Konstruktion begründet. Man spricht daher von einem nicht-konstruktiven Existenzbeweis oder von einer nicht-effektiven „Konstruktion“ des fraglichen Objekts.

3.10 Induktion

Bei einem **Induktionsbeweis** geht es üblicherweise um den Beweis einer Aussage $A(n)$, die von einer natürlichen Zahl n abhängt, und die für alle $n \in \mathbb{N}$ bewiesen werden soll (oder zumindest für alle n ab einer Anfangszahl n_0), also $\forall n \geq n_0 : A(n)$. Ein

Induktionsbeweis gliedert sich in zwei Teile. Man zeigt zunächst den **Induktionsanfang**, also dass die Behauptung für die Anfangszahl gilt: $A(n_0)$. Dies ist meist einfach und erfolgt durch einfaches Einsetzen von n_0 in die Aussage A und Nachrechnen. Als zweites führt man den **Induktionsschritt** durch. Man zeigt, dass für alle $n \geq n_0$ die Implikation

$$\text{Wenn } A(n) \text{ dann } A(n+1)$$

richtig ist. Das heißt, unter der Annahme (der so genannten **Induktionsvoraussetzung**), dass $A(n)$ (für eine beliebige Zahl $n \geq n_0$) gilt, zeigt man, dass daraus folgt, dass auch die so genannte **Induktionsbehauptung** $A(n+1)$ gilt. Vor allem bei Tafelanschrieben wird die Ankündigung dieser zwei Beweisabschnitte Induktionsanfang und Induktionsschritt oft abgekürzt zu **IA** und **IS**, oder man schreibt $(n = n_0)$ und $(n \to n+1)$. Das Verwenden der Induktionsvoraussetzung wird meist kurz mit **IV** oder **IH** (für Induktionshypothese) notiert.

Wir zeigen beispielsweise per Induktion, dass die Aussage $A(n)$, namlich $\sum_{k=1}^{n} k = \frac{n\cdot(n+1)}{2}$ für alle $n \in \mathbb{N}$ gilt. Der Induktionsanfang ist das Bestätigen dieser Behauptung für den Fall $n = 1$. Wir rechnen die linke und die rechte Seite der behaupteten Gleichung getrennt aus:

$$\sum_{k=1}^{1} k = 1 \quad \text{sowie} \quad \frac{1\cdot(1+1)}{2} = 1$$

Damit ist der Induktionsanfang gezeigt. Für den Induktionsschritt sei nun $n \in \mathbb{N}$ eine beliebige Zahl. Wir nehmen an, dass für dieses n die Gleichung $\sum_{k=1}^{n} k = \frac{n\cdot(n+1)}{2}$ richtig ist (Induktionsvoraussetzung). Wir wollen nun zeigen, dass diese Gleichung auch für $n+1$ richtig ist. Zu zeigen ist also $\sum_{k=1}^{n+1} k = \frac{(n+1)\cdot(n+2)}{2}$ (Induktionsbehauptung). Dies zeigen wir auf direktem Weg, indem wir mit der linken Seite der behaupteten Gleichung beginnen, umformen, bei der Umformung die üblichen Rechenregeln, aber auch die Induktionsvoraussetzung verwenden und schließlich bei der rechten Seite ankommen.

$$\begin{aligned}
\sum_{k=1}^{n+1} k &= \sum_{k=1}^{n} k + (n+1) \\
&\overset{Ind.vor.}{=} \frac{n\cdot(n+1)}{2} + (n+1) \\
&= \frac{n\cdot(n+1)}{2} + \frac{2\cdot(n+1)}{2} \\
&= \frac{(n+1)\cdot(n+2)}{2}
\end{aligned}$$

was zu zeigen war.

Gelegentlich wird der Induktionsschritt so durchgeführt, dass man unter der Induktionsvoraussetzung, dass $A(k)$ für alle $k \in \{n_0, \ldots, n-1\}$ gilt (wobei $n > n_0$ eine beliebige Zahl ist), folgt, dass $A(n)$ gilt. Ein solcher Induktionsbeweis (auch **starke Induktion** genannt) sieht äußerlich oft aus wie eine Fallunterscheidung (vgl. Abschnitt über Fallunterscheidungen): Der Induktionsanfang ist der Fall $n = n_0$; der Induktionsschritt behandelt den Fall $n > n_0$, wobei im Beweis des Induktionsschritts die Voraussetzung, dass $A(k)$ für alle $k \in \{n_0, \ldots, n-1\}$ gilt, Verwendung findet.

Beispiel: Wir zeigen, dass für die im Abschnitt über Folgen betrachtete Fibonacci-Folge gilt $a_n \geq (\frac{8}{5})^{n-2}$ für alle $n \geq 2$.

Da bei der rekursiven Definition der Fibonacci-Folge auf zwei unmittelbar vorausgehende Funktionswerte zurückgegriffen wird, benötigen wir die beiden Induktionsanfänge (hier $n = 2$ und $n = 3$), damit Induktionsanfang und Induktionsschritt korrekt ineinander greifen.

Fall $n = 2$: Es gilt $a_2 = 1 = (\frac{8}{5})^0$. Also OK.

Fall $n = 3$: Es gilt $a_3 = 2 > (\frac{8}{5})^1$. Also OK.

Fall $n > 3$. Dann gilt

$$\begin{aligned} a_n &= a_{n-1} + a_{n-2} \\ &\overset{Ind.vor.}{\geq} (\tfrac{8}{5})^{n-3} + (\tfrac{8}{5})^{n-4} \\ &= \tfrac{5}{8} \cdot (\tfrac{8}{5})^{n-2} + \tfrac{5^2}{8^2} \cdot (\tfrac{8}{5})^{n-2} \\ &= \tfrac{65}{64} \cdot (\tfrac{8}{5})^{n-2} \\ &\geq (\tfrac{8}{5})^{n-2} \end{aligned}$$

Damit ist die Behauptung gezeigt.

Wir merken noch an, dass Induktionsbeweise oft versteckt vorkommen und sich hinter Punkt-Punkt-Punkt oder „usw.“ oder ähnlichen Angaben verbergen. Auch uns ist ein solcher versteckter Induktionsbeweis bereits begegnet. Blättern Sie ein paar Seiten zurück in den Abschnitt über Existenz und Eindeutigkeit und inspizieren Sie nochmals den Beweis, in dem die Existenz der Primzahlzerlegung einer Zahl n gezeigt wird. Dort heißt es an einer Stelle „ansonsten können wir mit der Zahl n/t genauso weitermachen, und erhalten eine Primfaktorzerlegung von n“. Das ist nichts anderes als ein Hinweis auf die Verwendung der Induktionsvoraussetzung, dass nämlich die Zahl n/t bereits eine Primfaktorzerlegung besitzt, und wir diese nur um den weiteren Primfaktor t anreichern müssen.

Beweistaktisch ist es manchmal von Vorteil, eine stärkere Behauptung, sagen wir $\forall n : A'(n)$, zu beweisen als die, an der wir eigentlich interessiert sind, nämlich $\forall n : A(n)$. Das heißt, $A(n)$ folgt aus $A'(n)$, also ist A' eine Verschärfung von A. Es klingt seltsam, dass der Beweis von A' leichter fallen sollte als der von A. Dies liegt aber daran, dass es sein kann, dass der Beweis der Implikation $A'(n) \rightarrow A'(n+1)$ leichter gelingen könnte als bei der Implikation $A(n) \rightarrow A(n+1)$. Man hat eben auch eine stärkere Induktionsvoraussetzung zur Verfügung.

Beispiel: Sei $(f(n))_{n=1,2,3,...}$ eine Zahlenfolge, die durch die folgende Rekursion gegeben ist: $f(1) = 1$ und $f(n) = f(\lfloor \frac{n}{2} \rfloor) + f(\lceil \frac{n}{2} \rceil) + 1$ für $n > 1$. Wir wollen zeigen, dass $f(n) \leq 2n$ gilt. Wenn wir es nun per Induktion versuchen, so ist der Induktionsanfang korrekt, und im Induktionsschritt kommen wir bis zu folgendem Punkt:

$$\begin{aligned} f(n) &= f(\lfloor \tfrac{n}{2} \rfloor) + f(\lceil \tfrac{n}{2} \rceil) + 1 \\ &\overset{Ind.vor.}{\leq} 2 \cdot \lfloor \tfrac{n}{2} \rfloor + 2 \cdot \lceil \tfrac{n}{2} \rceil + 1 \\ &= 2 \cdot n + 1 \end{aligned}$$

Wie soll es nun weiter gehen? Von hier aus können wir nicht zeigen, dass die Induktionsbehauptung $f(n) \leq 2n$ gilt. Wenn wir allerdings die stärkere und präzisere Behauptung $f(n) = 2n - 1$ beweisen, so klappt die Induktion ohne Probleme; hier lautet der Induktionsschritt:

$$\begin{aligned} f(n) &= f(\lfloor \tfrac{n}{2} \rfloor) + f(\lceil \tfrac{n}{2} \rceil) + 1 \\ &\overset{Ind.vor.}{=} (2 \cdot \lfloor \tfrac{n}{2} \rfloor - 1) + (2 \cdot \lceil \tfrac{n}{2} \rceil) - 1) + 1 \\ &= 2 \cdot n - 1 \end{aligned}$$

Bei dem folgenden Beispiel werden *zwei* Aussagen (Ungleichungen) behauptet und per Induktion bewiesen. Beide Aussagen werden als Induktionsvoraussetzung im Rahmen des Induktionsbeweises jedoch auch benötigt. Man kann diesen Beweis also nicht in zwei separate Beweise aufspalten.

Gegeben sei eine rekursiv definierte Zahlenfolge:

$$a_0 = 1\,, \quad a_{n+1} = \frac{2 + a_n}{1 + a_n}$$

Es ist zu zeigen, dass für alle n gilt: $1 \leq a_n \leq 2$.

Induktionsanfang: Beide Ungleichungen gelten für a_0.

Induktionsschritt: Wir zeigen zunächst die Abschätzung nach oben:

$$a_{n+1} = \frac{2 + a_n}{1 + a_n} \overset{Ind.Vor.}{\leq} \frac{2 + 2}{1 + a_n} \overset{Ind.Vor.}{\leq} \frac{2 + 2}{1 + 1} = 2$$

Es folgt die Abschätzung nach unten:

$$a_{n+1} = \frac{2+a_n}{1+a_n} \overset{Ind.Vor.}{\geq} \frac{2+1}{1+a_n} \overset{Ind.Vor.}{\geq} \frac{2+1}{1+2} = 1$$

Interessant wird es auch, wenn eine Aussage $A(x, y)$ von *zwei* natürlichen Zahlen, also x und y, abhängt, und gezeigt werden soll, dass $A(x, y)$ für alle $x, y \in \mathbb{N}$ gilt.

Man könnte versuchen, dies auf einen Induktionsbeweis mit nur einer natürlichen Zahl zurückzuführen, also z.B. durch eine Induktion über z beweisen, dass für alle $z \geq 2$ und alle $x, y \in \mathbb{N}$ mit $x+y = z$ gilt, dass $A(x, y)$. Der Induktionsanfang ist dann der Beweis, dass $A(1, 1)$ gilt. Im Induktionsschritt soll nun $A(x, y)$ bewiesen werden. Wir dürfen als Induktionsvoraussetzung benutzen, dass $A(x', y')$ gilt, sofern $x' + y' < x + y$.

Möglicherweise ist das so nicht durchführbar, da wir beim Beweis von $A(x, y)$ auf die Gültigkeit von $A(x', y')$ zurückgreifen müssen, wobei zwar x' kleiner als x ist, aber y' viel größer als y sein kann, so dass $x' + y' < x + y$ nicht garantiert werden kann. In diesem Fall bietet sich eine Induktion über x an. Wir zeigen als Induktionsanfang, dass $A(1, y)$ für alle y gilt. Im Induktionsschritt zeigen wir die Induktionsbehauptung $A(x, y)$ für ein beliebiges, festes x und alle y, indem wir als Induktionsvoraussetzung die Gültigkeit von $A(x', y')$ zur Verfügung haben, wobei $x' < x$, aber y' beliebig sein kann. Bei dieser Formulierung ist es so, dass sowohl beim Induktionsanfang als auch beim Induktionsschritt eine Behauptung *für alle* y bewiesen werden muss. Um diese Behauptung zu beweisen, kann es sein, dass wir in den Induktionsanfang bzw. in den Induktionsschritt (bzgl. x) einen weiteren Induktionsbeweis (bzgl. y) einbetten müssen. Ein derartiges doppeltes Induktionsargument findet sich in der Theoretischen Informatik beim Umgang mit der zweistelligen, so genannten Ackermann-Funktion[8].

Wir wollen noch eine weitere recht ungewöhnliche Art von Induktionsbeweis erwähnen. Für alle $n \geq 2$ und positive reelle Zahlen $a_1, a_2, \ldots, a_n$ gilt folgende Ungleichung

$$\left(\prod_{i=1}^{n} a_i\right)^{1/n} \leq \frac{1}{n} \cdot \sum_{i=1}^{n} a_i$$

Das heißt in Worten: das geometrische Mittel ist immer kleiner-gleich dem arithmetischen Mittel. Es zeigt sich, dass eine geschickte Art dies zu beweisen[9], darin besteht, die Aussage für $n = 2$ zu zeigen (Induktionsanfang); und ferner zu zeigen, dass aus der

[8] Nach dem Mathematiker und Logiker Wilhelm Ackermann (1896–1962).

[9] Dieser Beweis geht auf Cauchy zurück.

Induktionsannahme, dass die Aussage für ein n gilt, folgt, dass die Aussage für $2n$ gilt. Damit haben wir die Aussage zunächst nur für $n = 2, 4, 8, 16, \ldots$, also die Zweierpotenzen bewiesen. Als weiterer Teil des Beweises kommt nun noch hinzu nachzuweisen, dass, wenn die Aussage für $n > 2$ gilt, sie dann auch für $n - 1$ gilt. Damit gilt die Aussage nun tatsächlich für alle natürlichen Zahlen ab 2. Um beispielsweise zu der Zahl $n = 13$ zu kommen, die keine Zweierpotenz ist, müssen wir den Weg über die nächstgrößere Zweierpotenz nehmen:

$$2 \rightarrow 4 \rightarrow 8 \rightarrow 16 \rightarrow 15 \rightarrow 14 \rightarrow 13$$

3.11 Strukturelle Induktion

Im Abschnitt über induktive Definitionen haben wir gesehen, dass sich manche Informatik-Objekte am besten durch eine induktive Definition einführen lassen. Möchte man etwas über solche Objekte beweisen, so führt man den Beweis ebenfalls entlang der induktiv gegebenen Definition, also anhand ihrer induktiv definierten Struktur. Dies nennt man eine strukturelle Induktion. Alternativ könnte man den Beweis auch – wie gewohnt – über die natürlichen Zahlen aufziehen, wobei n dann die Länge des betreffenden Objekts bedeuten könnte (die zuvor entsprechend definiert werden müsste). Eine solche Vorgehensweise erscheint uns aber künstlich und aufgesetzt.

Nehmen wir als Beispiel die induktiv definierten Boole'schen Formeln (vgl. Abschnitt über induktive Definitionen). Wir wollen den Satz beweisen, dass jede dieser Formeln gleich viele öffnende wie schließende Klammern besitzt.

Induktionsanfang: Die einfachsten Formeln sind die Konstanten 0 oder 1 oder eine einzelne Variable x. Diese Formeln besitzen keine Klammern, daher ist hier die Behauptung richtig.

Induktionsschritt: Wenn wir es mit einer Formel der Form $\neg F$ zu tun haben, so sind die Anzahlen der öffnenden und schließenden Klammern innerhalb von F nach Induktionsvoraussetzung gleich groß. In der Formel $\neg F$ werden keine zusätzlichen Klammern eingeführt, daher stimmt die Behauptung hier also auch.

Wenn die fragliche Formel die Bauart $(F \wedge G)$ oder $(F \vee G)$ hat, dann seien n_1, m_1 die Anzahlen der öffnenden bzw. schließenden Klammern in F; und n_2, m_2 seien die Anzahlen der öffnenden bzw. schließenden Klammern in G. Dann gilt nach Induktionsvoraussetzung $n_1 = m_1$ und $n_2 = m_2$. Somit ist die Anzahl der öffnenden Klammern insgesamt $1 + n_1 + n_2$ und die Anzahl der schließenden Klammern ist $1 + m_1 + m_2$, und diese beiden Zahlen sind daher auch gleich.

Ein komplexeres Beispiel für einen Beweis durch strukturelle Induktion in der Theoretischen Informatik ist der Nachweis, dass es für jedes LOOP-Programm P eine Konstante k gibt, so dass für alle n gilt: $f_P(n) < a(k, n)$. Hierbei ist a die Ackermann-Funktion und f_P ist eine Funktion, die mit dem LOOP-Programm P assoziiert ist, welche das maximal mögliche Wachstum der in den Programmvariablen von P gespeicherten Zahlen angibt. Hieraus ergibt sich dann, dass die Ackermann-Funktion nicht LOOP-berechenbar sein kann.

3.12 Induktion als Konstruktionsprinzip

Das Prinzip der Induktion kann als Konstruktionsprinzip eingesetzt werden, also um konstruktiv die Existenz bestimmter Objekte nachzuweisen.

Beispiel: Ein **Gray-Code**[10] der Dimension n ist eine Anordnung von allen 2^n vielen 0-1-Wörtern der Länge n

$$(x_1,\ x_2,\ \ldots,\ x_{2^n-1},\ x_{2^n})$$

so dass sich jedes Wort vom vorhergehenden (ebenso wie auch x_1 und x_{2^n}) jeweils um ein Symbol voneinander unterscheiden, also **Hamming-Abstand** 1 besitzen.. Beispielsweise ist $(000, 001, 011, 010, 110, 111, 101, 100)$ ein Gray-Code der Dimension 3.

Wir zeigen, dass für jede natürliche Zahl n ein Gray-Code der Dimension n existiert.

Dies ist klar für $n = 1$, denn $(0, 1)$ ist ein Gray-Code der Dimension 1.

Nun nehmen wir nach Induktionsvoraussetzung an, dass wir bereits einen Gray-Code

$$(x_1,\ x_2,\ \ldots,\ x_{2^n-1},\ x_{2^n})$$

der Dimension n kennen. Dann können wir einen Gray-Code der Dimension $n + 1$ wie folgt konstruieren:

$$(0x_1,\ 0x_2,\ \ldots,\ 0x_{2^n-1},\ 0x_{2^n},\ 1x_{2^n},\ 1x_{2^n-1},\ \ldots,\ 1x_2,\ 1x_1)$$

Das heißt, allen Wörtern des bekannten Gray-Codes der Dimension n wird zunächst eine Null vorangestellt; sodann folgen die Wörter dieses Gray-Codes nochmals, allerdings in

[10] Nach Frank Gray, amerikanischer Forscher und Entwickler bei Bell Labs.

umgekehrter Reihenfolge, mit einer Eins vorangestellt. Man überzeugt sich davon, dass diese Folge der Länge 2^{n+1} wiederum einen Gray-Code darstellt.

Die Informatik ist voll von derartigen induktiv konstruierten mathematischen Objekten. Ein solches induktives Konstruktionsprinzip kann dann auch algorithmisch umgesetzt werden im Rahmen eines rekursiven (sich selbst aufrufenden) Programms (oder auch einer Schaltung). Ein ganz besonderes Beispiel ist die schnelle Fourier-Transformation (kurz: **FFT**) (vgl. auch den Abschnitt über Funktionaltransformationen). Wir rechnen in einem geeigneten Körper K und $s \in K$ sei eine n-te **Einheitswurzel**, das heißt $s^n = 1$. Es sei ein Polynom $A(x)$ gegeben in Form seines Koeffizientenvektors $(a_0, a_1, \ldots, a_{n-1})$, also

$$A(x) = a_0 + a_1 \cdot x + a_2 \cdot x^2 + \cdots + a_{n-2} \cdot x^{n-2} + a_{n-1} \cdot x^{n-1}$$

Die **diskrete Fourier-Transformation** besteht in der Aufgabe, dieses Polynom an den Stellen $x = s^0, s^1, \ldots, s^{n-1}$ auszuwerten. Dies können wir uns in Form einer Schaltung mit Eingängen und Ausgängen wie folgt vorstellen:

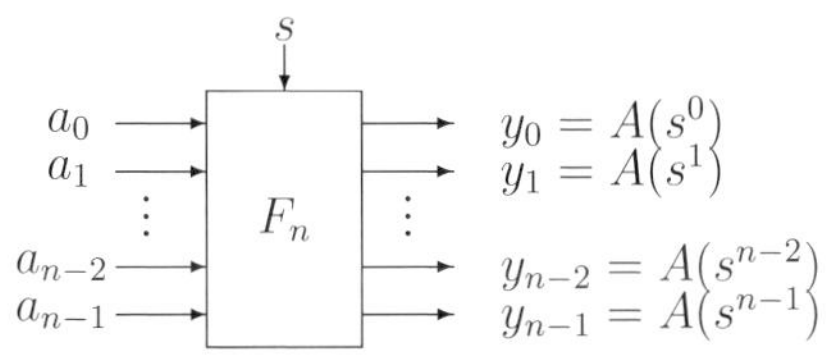

Wie lässt sich diese Auswertung effizient bewerkstelligen; wie kann also solch eine Schaltung F_n aufgebaut werden? Hier hilft wieder die Induktion. Wir nehmen an, $n = 2^k$ ist eine Zweierpotenz, und wir bauen entsprechende Schaltungen für $n = 1, 2, 4, 8, \ldots$ induktiv auf. Für $n = 1$ muss lediglich a_0 zum Ergebnis y_0 durchgeschaltet werden, also $y_0 = a_0$ (unabhängig von s).

Für $n = 2^k > 1$ benutzen wir folgende Zerlegung des Polynoms A in zwei Polynome B und C, die nur halb so viele Koeffizienten wie A besitzen:

$$A(x) = B(x^2) + x \cdot C(x^2)$$

Das Polynom B besitzt den Koeffizientenvektor $(a_0, a_2, \ldots, a_{n-2})$, also die Koeffizienten von A mit geradem Index, und C besitzt den Koeffizientenvektor $(a_1, a_3, \ldots, a_{n-1})$, also die Koeffizienten von A mit ungeradem Index. Das heißt also:

$$B(z) = a_0 + a_2 \cdot z + \cdots + a_{n-2} \cdot z^{n/2-1}, \quad C(z) = a_1 + a_3 \cdot z + \cdots + a_{n-1} \cdot z^{n/2-1}$$

Damit ergibt sich eine induktive Konstruktion. Die Auswertung des Polynoms A mit n Koeffizienten wird zurückgeführt auf die Auswertung zweier Polynome B und C mit jeweils $n/2$ Koeffizienten und anschließendem Zusammenfügen der erhaltenen Ergebnisse gemäß der obigen Formel; dies ist dann die Aufgabe des Schaltkreises G_n. Das Polynom A soll an den Potenzen von s ausgewertet werden; stattdessen müssen die Polynome B und C an den Potenzen von s^2 ausgewertet werden (wobei man berücksichtigen muss, dass $s^{2(n/2)} = s^n = 1 = s^0$ und $s^{2(n/2+1)} = s^{n+2} = s^n s^2 = s^2$, usw.)

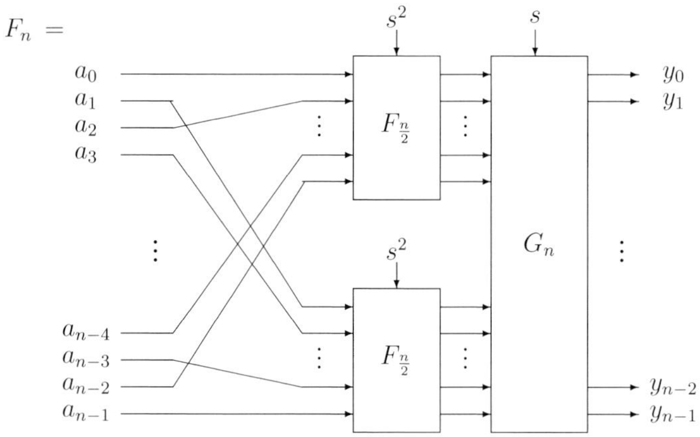

In der Schaltung G_n müssen also folgende Rechenoperationen ausgeführt werden:

$$y_i = b_i + s^i \cdot c_i \quad \text{und} \quad y_{(n/2)+i} = b_i + s^{(n/2)+i} \cdot c_i \quad (i = 0, \ldots, n/2 - 1)$$

Hierbei sind $(b_0, \ldots, b_{(n/2)-1})$ und $(c_0, \ldots, c_{(n/2)-1})$ die Ergebnisse der Evaluation von B bzw. C, die in die Schaltung G_n von links einfließen.

Insgesamt ergibt sich ein Schaltungsaufwand $T(n)$ (= Anzahl Rechenoperationen), den man rekursiv angeben kann wie folgt:

$$T(n) = 2 \cdot T(\frac{n}{2}) + O(n)$$

Diese Rekursionsgleichung hat die Lösung $T(n) = O(n \cdot log\, n)$. Dies ist wesentlich kostengünstiger als bei n separaten Auswertungen des Polynoms A, direkt gemäß der

Definition, also $y_0 = A(s^0), y_1 = A(s^1), \ldots, y_{n-1} = A(s^{n-1})$, welche $n \cdot O(n) = O(n^2)$ Rechenoperationen erfordern würden.

3.13 Beweistechnischer Umgang mit Quantoren, Skolem-Funktionen

Es soll eine Aussage bewiesen werden, deren Formulierung einen oder mehrere Quantoren – in einer Reihenfolge, die streng zu beachten ist – umfasst.
Beginnen wir mit dem Allquantor $\forall$. Die zu beweisende Aussage laute: Für alle x (aus einer gewissen Grundmenge M) gilt eine Behauptung $B(x)$, symbolisch:

$$\forall x \in M \; : \; B(x)$$

Der Beweistext beginnt dann generisch folgendermaßen: „Sei $x \in M$ beliebig gewählt.“ Man argumentiert dann mit diesem x, das jetzt wie eine Konstante betrachtet wird, weiter, und kann dann ggf. zeigen, dass für dieses x die Behauptung B zutrifft. Am Ende kann man dann sagen: „Da x beliebig gewählt war, gilt die Behauptung also *für alle* $x \in M$“.
Problematischer ist der Existenzquantor $\exists$. Hier wird also die Existenz eines Objekts behauptet und ist beweistechnisch nachzuweisen. Dies erfordert eine gewisse Intuition und Kreativität, wie man das gesuchte Objekt zu wählen hat. Wenn die zu beweisende Behauptung B z.B. eine Gleichung ist, so kann man durch Auflösen der Gleichung nach dem fraglichen x versuchen, das gesuchte x zu finden. Wenn die Behauptung B eine bestimmte innere Struktur des gesuchten Objekts x postuliert, so kann man ggf. x durch eine induktive Konstruktion, wie im letzten Abschnitt beschrieben, „konstruieren“ und damit die Existenz von x nachweisen.
Richtig interessant wird es erst, wenn die Quantoren in alternierender Abfolge auftreten, z.B.

$$\forall x \, \exists y \; : \; B(x, y)$$

Der Beweistext hierzu beginnt wie gehabt: „Sei x beliebig gewählt.“ Nun geht es darum, zu diesem gegebenen x ein passendes y zu finden, und das ganz allgemein, anders ausgedrückt, es muss eine Skolem-Funktion $x \mapsto y(x)$ angegeben werden, so dass die Behauptung $B(x, y(x))$ erfüllt wird. Meist kann man die gesuchte Skolem-Funktion durch

Inspektion der zu zeigenden Behauptung selber herleiten, evtl. durch Auflösen nach y, um eine Funktion $y(x)$ zu erhalten.

Ein weiteres Beispiel: Im letzten Abschnitt wurde mit der induktiven Konstruktionsmethode gezeigt, dass

$$(\forall n \in \mathbb{N})\,(\exists c)\,[\,c \text{ ist Gray-Code der Dimension } n]$$

Noch ein Beispiel: Es soll gezeigt werden, dass der Grenzwert der Folge $(\frac{1}{n^2})_{n=1,2,3,\ldots}$ gleich 0 ist, also $\lim_{n\to\infty} \frac{1}{n^2} = 0$. Aufgrund der Konvergenzdefinition für Folgen heißt dies ausführlich, dass man Folgendes zeigen muss:

$$\forall \varepsilon > 0\, \exists n_0 \in \mathbb{N}\, \forall n \geq n_0 \,:\, |\frac{1}{n^2} - 0| < \varepsilon$$

Wir beginnen mit dem Beweistext: „Sei $\varepsilon > 0$ beliebig“. Nun müssen wir dazu ein geeignetes $n_0 = n_0(\varepsilon)$ finden. Wir inspizieren dazu die erwünschte Ungleichung, die am Ende gelten soll, und formen diese um (unter Berücksichtigung, dass $n > 0$):

$$\begin{aligned} |\tfrac{1}{n^2} - 0| < \varepsilon \quad &\text{gdw.} \quad \tfrac{1}{n^2} < \varepsilon \\ &\text{gdw.} \quad n^2 > \tfrac{1}{\varepsilon} \\ &\text{gdw.} \quad n > \sqrt{\tfrac{1}{\varepsilon}} \end{aligned}$$

Diese Ungleichung gilt also für alle $n \geq n_0$, wenn wir diesen ersten Wert $n_0 \in \mathbb{N}$ (beispielsweise) mittels $n_0 = \left\lceil \sqrt{\frac{1}{\varepsilon}} \right\rceil + 1$ festlegen. Im restlichen Beweistext wird also gesagt, dass man auf diese Weise n_0 festlegen kann, und man dann vorrechnet, dass dann tatsächlich die gewünschte Ungleichung für alle $n \geq n_0$ (also ein beliebiges $n \geq n_0$) gilt.

Eine der schwierigsten Quantorenstrukturen in der Theoretischen Informatik findet sich beim **Pumping-Lemma**. Die Version für reguläre Sprachen kann man folgendermaßen notieren:

$$\begin{aligned} &(L \text{ regulär}) \Rightarrow \\ &\quad (\exists n \in \mathbb{N})\,(\forall z \in L,\, |z| \geq n)\,(\exists uvw = z,\, |v| \geq 1,\, |uv| \leq n)\,(\forall i \geq 0)\,[\,uv^iw \in L\,] \end{aligned}$$

Es geht nun hier nicht darum, wie man das Pumping-Lemma beweist, sondern wir setzen dieses voraus, und wollen zeigen, dass eine gegebene Sprache L *nicht* regulär ist. Dies folgt per Kontraposition aus dem Pumping-Lemma, wenn wir zeigen können, dass die rechte Seite des Pumping-Lemmas für die fragliche Sprache L falsch ist. Negieren wir also die rechte Seite des Pumping-Lemmas:

$$(\forall n \in \mathbb{N})\,(\exists z \in L,\ |z| \geq n)\,(\forall uvw = z,\ |v| \geq 1,\ |uv| \leq n)\,(\exists i \geq 0)\,[\,uv^iw \notin L\,]$$

Dies müssen wir also für unsere Sprache L zeigen; dann ist gezeigt, dass L *nicht* regulär ist. Es beginnt mit einem Allquantor. Der obligatorische Beweistext ist also zunächst: „Sei $n \in \mathbb{N}$ beliebig.“ Als Nächstes kommt ein Existenzquantor. Wir müssen also ein besonderes Wort z, das zur Sprache L gehört mit Länge mindestens n auswählen. Wenn man noch keine Ahnung hat, wie man am Ende $uv^iw \notin L$ zeigen soll, so beginnen wir zunächst einmal mit irgendeinem Wort z, das syntaktisch den vorgeschriebenen Aufbau hat, wie es sich für Wörter aus L gehört; dieses z muss natürlich lang genug sein. (Später kehren wir dann ggf. nochmals zur Wahl von z zurück, wenn sich herausstellen sollte, dass es beweistaktisch günstig ist, z sehr speziell zu wählen.) Nun kommt wieder ein Allquantor. Der Beweistext lautet nun: „Sei uvw eine beliebige Zerlegung von z, wobei aber v nicht das leere Wort sein darf (also $|v| \geq 1$) und der vordere Abschnitt uv von z höchstens die Länge n haben darf.” (Wegen dieser Bedingung könnte es nützlich sein, die Wahl von $z \in L$ so anzulegen, dass $|z| \gg n$. Je nach Bauart der Wörter z in L haben wir dann eine Handhabe, um den vorderen Teil uv von z irgendwie festzunageln. Zum Beispiel, falls $z = a^nb^n$, also $|z| = 2n$, so kann nun der vordere Abschnitt uv nur aus a's bestehen.) Schließlich müssen wir am Ende zeigen, dass für ein $i \geq 0$ gilt $uv^iw \notin L$. Das klappt natürlich nicht für $i = 1$, denn uv^1w entspricht ja gerade z selbst, und z liegt von vornherein in L. Meistens gelingt es mit $i = 0$ oder mit $i = 2$ die Situation hinzubekommen, dass $uv^iw \notin L$. In ganz komplexen Fällen müssen wir sogar soweit gehen, dass wir die Wahl von i abhängig machen müssen von u oder v bzw. deren Längen und womöglich auch noch von n – denn i ist letztlich eine Skolem-Funktion von allen zuvor allquantifizierten Objekten (n, u, v, w).

Wir zeigen dies an einem Beispiel: Die Sprache, von der nachgewiesen werden soll, dass sie nicht regulär ist, sei $L = \{a^p \mid p \text{ ist Primzahl}\}$. Wir zeigen, dass die Negation der rechten Seite des Pumping-Lemmas zutrifft. Sei also $n \in \mathbb{N}$ beliebig. Da es unendlich viele Primzahlen gibt, gibt es auch solche $\geq n$. Für den Moment wählen wir einfach die kleinste Primzahl p, so dass $p \geq n$. Dann ist $z = a^p \in L$ und $|z| \geq n$. (Wenn sich später herausstellen sollte, dass der Beweis eine spezielle Primzahl erfordert, so könnten wir

zu dieser Wahl von p nochmals zurückkehren – aber das wird nicht notwendig sein.)
Es geht weiter: Sei also $z = uvw$ eine beliebige Zerlegung in drei Teilwörter (die in diesem Fall nur aus a's bestehen können). Die einzige Einschränkung dieser „Beliebigkeit" sei, dass v nicht das leere Wort sein darf, und dass $|uv| \leq n$ (was hier aber keine weitere Rolle spielt). Um zum Ende zu kommen, müssen wir schließlich ein $i \in \mathbb{N}$ finden, so dass uv^iw *nicht* in L liegt, in anderen Worten, so dass $|u| + |w| + i \cdot |v|$ *keine Primzahl*, also eine aus nicht-trivialen Faktoren zusammengesetzte Zahl, ist. Um das zu erreichen, setzen wir $i = |u|+|w|$, dann ergibt sich $|uv^iw| = (|u|+|w|)\cdot(|v|+1)$. Diese Zerlegung in zwei nicht-triviale Faktoren zeigt, dass die Länge des Wortes uv^iw keine Primzahl ist, und dass somit $uv^iw \notin L$. Die rechte Seite des Pumping-Lemmas gilt für L nicht, daher ist L keine reguläre Sprache.

4 Fortgeschrittene Beweistechniken

In diesem Kapitel geht es um weiterführende Beweistechniken, die meist auf einer Basistechnik fußen, so wie im vorigen Kapitel beschrieben, und die manchmal nur für spezielle Anwendungsbereiche zugeschnitten sind.
Andererseits sollen auch gerade diese Anwendungsgebiete, die mit solch interessanten Beweistechniken einhergehen, hierdurch schmackhaft gemacht werden. So findet man Aspekte der Schaltkreistheorie im Abschnitt über das Schubfachprinzip, über informationstheoretische Argumente und bei der Methode der Polynomifizierung. Fragen der Korrektheit und Termination von Programmen werden in den zwei nachfolgenden Abschnitten gestreift. Das Perzeptron-Konvergenztheorem ist ein Klassiker aus dem Gebiet der neuronalen Netze und wird im Abschnitt über Terminationsbeweise dargestellt. Beweistechnische Methoden der Systemtheorie werden im Abschnitt über erzeugende Funktionen und Funktionaltransformationen angesprochen. Im Abschnitt über probabilistische Existenzbeweise findet sich mit Shannons Kanalcodiertheorem ein Motivationsschub, sich vielleicht einmal mit dem Thema der Kanalcodierung zu befassen.

4.1 Korrektheitsbeweise von Algorithmen, Schleifeninvariante

Ein Algorithmus, der eine Schleife durchläuft, indem z.B. eine Laufvariable k die Werte $1, 2, \ldots, n$ durchläuft, kann ähnlich analysiert werden, wie bei einem Induktionsbeweis vorgegangen wird. Man führt eine Induktion über die Zahl der Schleifendurchläufe durch.
Das folgende Programm (in Pseudo-Code[1]) soll die Summe der ersten n natürlichen

[1] Unter Pseudo-Code wird eine Schreibweise verstanden, die sich an Pascal/Modula/Algol/C orientiert, um kurze Programme im imperativen Programmierstil zu notieren. Meist werden Begin und End dabei weggelassen und die Blockstruktur nur optisch durch Einrücken angezeigt. Imperativ bedeutet hierbei, im Unterschied zu funktionalen Sprachen, dass solche Programme im Wesentlichen auf dem Konzept der Wertzuweisung an Programmvariable beruhen. Die Wertzuweisung wird meist mit := oder durch = bzw. $\leftarrow$ notiert.

Zahlen berechnen wie bei dem Induktionsbeweis im Abschnitt über Induktion:

$$\begin{aligned}
&s := 0\\
&k := 0\\
&\text{While } k < n \text{ Do}\\
&\quad k := k + 1\\
&\quad s := s + k
\end{aligned}$$

Wir wollen zeigen, dass das Ergebnis, der Wert der Variablen s, am Ende $\frac{n\cdot(n+1)}{2}$ beträgt. Der im Abschnitt über Induktion geführte Induktionsbeweis zeigt uns, wenn *vor* Ausführung der Schleife $s = \frac{k\cdot(k+1)}{2}$ gilt, dass dann *nach* Ausführung einer Schleife gilt: $s = \frac{(k+1)\cdot(k+2)}{2}$. Dies bezieht sich allerdings auf den alten k-Wert, also vor der Schleife. Wenn wir berücksichtigen, dass k seinen Wert in einem Schleifendurchgang um 1 erhöht, können wir die Implikation „Induktionsvoraussetzung $\Rightarrow$ Induktionsbehauptung" nun so formulieren: Wenn *vor* Ausführung der While-Schleife die Bedingung

$$s = \frac{k \cdot (k+1)}{2}$$

galt, dann gilt diese Bedingung für die Programmvariablen s, k *nach* Ausführung der Schleife immer noch. Eine solche Bedingung nennt man eine **Schleifeninvariante**. Da die Schleife mit dem Wert $k = n$ beendet wird, können wir für den Wert von s am Ende $k = n$ einsetzen und erhalten das Ergebnis: $s = \frac{n\cdot(n+1)}{2}$.

Um die Korrektheit von Programmen zu beweisen, muss man im Allgemeinen zeigen, dass, wenn *vor* Ausführung des Programms P eine gewisse Vorbedingung B_1 gilt (die sich auf die Werte der Programmvariablen bezieht), dann das Programm P ausgeführt wird (und sofern dieses stoppt), dass dann *danach* die Nachbedingung B_2 gilt. Diesen Tatbestand notiert man folgendermaßen:

$$B_1\,\{P\}\,B_2 \quad \text{(manchmal auch: } \{B_1\}\,P\,\{B_2\}\text{)}$$

und nennt dies ein **Hoare'sches Tripel**.[2] Beispiel:

$$(x = 1 \wedge y \geq 5)\,\{x := x + 2\}\,(x = 3 \wedge y \geq 5)$$

Im Falle des Spezialfalls einer (oben erwähnten) Schleifeninvariante ist P ein Programm mit einer Schleife und $B_1 = B_2$ ist die Schleifeninvariante.

[2] Nach Sir Charles Anthony Richard Hoare (geb. 1934), englischer Informatiker.

Der Nachweis der **Termination**, also dass das Programm P stoppt, muss meist separat erbracht werden, da dies im Allgemeinen andere Beweisargumente erfordert (siehe eigenen Abschnitt). Den Nachweis der Korrektheit, unter der Bedingung, dass das Programm stoppt, nennt man auch **partielle Korrektheit**. Wenn die Termination darüber hinaus auch nachgewiesen ist, so spricht man von **totaler Korrektheit**.

Bei der Korrektheitsanalyse von rekursiven Programmen benötigen wir das allgemeinere Konzept der Induktion (die starke Induktion), bei dem man auf beliebige Werte kleiner als den aktuellen Wert n zurückgreifen darf. Die folgende rekursive Prozedur qsort(m, n) (für das Sortierverfahren QuickSort, ebenfalls von Hoare) sortiert den Array-Abschnitt (mathematisch: die Teilfolge) von Index m an bis zum Index n.

```
Proc qsort(m, n)
If n ≤ m Then Return
Else
  i := partition(m, n)
  qsort(m, i − 1)
  qsort(i + 1, n)
```

Wir setzen voraus, dass das Unterprogramm partition(m, n) bereits auf Korrektheit analysiert wurde. Diese Prozedur wählt im Abschnitt zwischen Index m und Index n ein beliebiges Folgenelement, das „Pivotelement", aus (z.B. dasjenige mit Index m) und verschiebt daraufhin die Elemente in dieser Teilfolge so, dass alle Elemente mit Index $j < i$, kleiner sind als das Pivotelement, und alle Elemente mit Index $j > i$ größergleich sind im Vergleich zum Pivotelement. Hierbei ist $j \in \{m, m+1, \dots, n\}$ und i ist die Indexposition, an die das Pivotelement verschoben wird.

Ein Prozeduraufruf qsort(m, n) ist nun aufgrund eines induktiven Arguments korrekt, da zunächst gilt, dass eine Folge der Länge 0 oder 1 im If-Fall korrekt sortiert wird, indem keine Änderung vorgenommen wird (Induktionsanfang). Betrachten wir im Induktionsschritt nun eine Folge mit $n - m > 0$, die also aus mindestens 2 Elementen besteht, dann wird im Else-Fall die Prozedur partition ausgeführt, die die oben beschriebene Wirkung hat. Daraufhin werden durch die rekursiven Aufrufe von qsort$(m, i-1)$ und qsort$(i+1, n)$ jeweils Folgenabschnitte behandelt, die echt kürzer sind als der Abschnitt von m bis n. Deshalb können wir nach zweimaliger Anwendung der Induktionsvoraussetzung davon ausgehen, dass diese Folgenabschnitte korrekt sortiert sind. Daraus folgt, dass der gesamte Abschnitt von Index m bis Index n durch diese Prozedur korrekt sortiert wird.

Wir merken noch an, dass das Induktionsprinzip nicht nur, wie an den obigen Beispielen gezeigt, benötigt wird, um im Nachgang die Korrektheit eines Programms zu zeigen, sondern dass dieses Prinzip schon beim Entwurf eines entsprechenden (zum Beispiel rekursiven) Programms vom Algorithmen-Designer verinnerlicht werden muss. Man schreibt eine rekursive Prozedur und nimmt dabei an, dass die dabei auftretenden rekursiven Aufrufe (per Induktionsvoraussetzung) korrekte Ergebnisse liefern.
Ähnlich ist es beim Algorithmenprinzip des dynamischen Programmierens: Man programmiert eine Schleife, in der systematisch eine (meist zweidimensionale) Tabelle ausgefüllt wird. Dabei nimmt man vor dem n-ten Schleifendurchlauf per Induktionsvoraussetzung an, dass die Zeilen mit Index $< n$ bereits alle korrekt ausgefüllt wurden.

4.2 Terminationsbeweise

Ein Terminationsbeweis besteht in dem Nachweis, dass ein gegebenes Programm nach endlich vielen Schritten stoppt. Im Abschnitt über indirektes Beweisen wurde nachgewiesen, dass das Halteproblem unentscheidbar ist. Das bedeutet, dass es kein *allgemeines* Verfahren gibt, das für jedes beliebige Programm erfolgreich das potenzielle Stoppen des Programms vorhersagt – geschweige denn einen entsprechenden Beweis liefert.
Beispielsweise ist von folgendem Programm unbekannt, ob es bei jeder Eingabe n stoppt. (Diese Fragestellung heißt Collatz-Problem[3] oder auch Ulam-Problem[4].)

$$\begin{array}{l}\text{While } n \neq 1 \text{ Do}\\ \quad \text{If } (n \text{ ist gerade}) \text{ Then } n := n/2 \text{ Else } n := 3 * n + 1\end{array}$$

Unbeschadet dieser Vorbemerkungen kann natürlich im jeweiligen Einzelfall für ein gegebenes Programm durchaus nachgewiesen werden, dass es stoppt. Im einfachsten Fall haben wir es mit einer Schleife – oder mit rekursiven Aufrufen – zu tun, bei denen ein Parameter heruntergezählt wird, bis der Wert 0 erreicht ist, und dann das Programm stoppt.

In anderen Fällen kann man aus den beteiligten Parametern oder Programmvariablen eine Funktion zusammensetzen, die nur positive, ganzzahlige Werte annehmen kann,

[3] Nach Lothar Collatz (1910–1990).
[4] Nach Stanislaw Marcin Ulam (1909–1984).

und von der man dann nachweist, dass die Werte, die sie im Verlauf jeder Schleife oder Rekursion annimmt, streng monoton abnehmen. Dann ist ebenfalls klar, dass dieses Programm stoppen muss.

Ein Beispiel: Ein heuristischer algorithmischer Ansatz zur Lösung des Traveling Salesman-Problems[5] besteht darin, mit einer beliebigen, zufällig gewählten Rundreise zu beginnen, und dann jeweils eine zufällige „Mutation" der bisherigen Rundreise durchzuführen. Das heißt, einige wenige Städte auf der Rundreise werden in ihrer Reihenfolge zufällig vertauscht. Sollte die so entstandene, neue Rundreise tatsächlich kürzer sein als die bisherige, so übernehmen wir diese als neue Rundreise und fahren mit der Methode fort. Sollte nach 100 Mutationen keine bessere Rundreise als die aktuelle gefunden werden, so stoppt das Verfahren.

Der Nachweis, dass dieses Verfahren immer stoppt, orientiert sich an der Rundreiselänge: Entweder stoppt das Verfahren nach 100 erfolglosen Mutationsversuchen, oder spätestens bei dem 99-ten Versuch wird eine Verbesserung gefunden. Die gefundenen Rundreise-Werte sind immer positive natürliche Zahlen, die die tatsächlich kürzeste Rundreiselänge nicht unterschreiten können. Daher muss das Verfahren nach spätestens $100 + 99\cdot$(Anfangsrundreiselänge – kürzeste Rundreiselänge) stoppen. (Dies heißt aber nicht, dass das Verfahren notwendigerweise die *kürzeste* Rundreise findet.)

Ein weiteres Beispiel: Nehmen wir an, ein fiktiver Sortieralgorithmus sucht in jedem Schleifendurchlauf zwei Array-Elemente a_i und a_j auf mit $i < j$ und $a_i > a_j$ und vertauscht deren Plätze im Array $a = (a_1, \ldots, a_n)$. Stoppt dieser Algorithmus irgendwann mit einem (aufsteigend) sortierten Array als Ergebnis?

Hierzu definieren wir eine Funktion $u(a)$, die den „Grad an Unsortiertheit" misst. Sei u, angewandt auf das aktuelle Array a, die Anzahl der Paare $\{i, j\}$ mit $i < j$, so dass die Array-Elemente a_i und a_j nicht in der richtigen Abfolge vorliegen (also $a_i > a_j$). Es ist klar, dass $u(a)$ eine ganze Zahl zwischen 0 und $\binom{n}{2} = \frac{n\cdot(n-1)}{2}$ ist. Im Falle von $u(a) = 0$ ist das Array a sortiert. Man überlegt sich, dass die Vertauschaktion, die der Algorithmus in jedem Schleifendurchlauf vornimmt, den $u(a)$-Wert um mindestens 1 erniedrigt. Daher terminiert der beschriebene Algorithmus nach spätestens $\binom{n}{2}$ Schritten. Interessant ist, dass dieser Terminationsnachweis für eine ganze Klasse von Algorithmen

[5] Das Problem besteht darin, eine kürzeste Rundreise über n Städte zu finden, die alle Städte einmal besucht und zum Ausgangspunkt zurückkehrt. Hierzu ist eine Entfernungstabelle gegeben, die für jedes Städte-Paar den betreffenden Abstand in Kilometern auflistet.

zutrifft (nämlich diejenigen, die ausschließlich die beschriebenen Vertauschaktionen vornehmen, wie zum Beispiel BubbleSort).

Manchmal muss man für den Nachweis der Termination einen Induktionsbeweis führen. Jeder der Aufrufe eines rekursiven Programms terminiert nach Induktionsvoraussetzung, da diese rekursiven Aufrufe mit kleineren Parameterwerten geschehen. Führt man diese rekursiven Aufrufe nun hintereinander aus, zusammen mit den Berechnungen, die in der eigentlichen Inkarnation der Prozedur auszuführen sind, so addieren sich diese jeweils endlich vielen Rechenschritt-Anzahlen wieder zu einer endlichen Zahl zusammen. Beispielsweise ergibt sich aus der Definition der zweistelligen Ackermann-Funktion, dass

$$a(n,k) = \underbrace{a(n-1, a(n-1, a(\ldots, a(n-1}_{k\text{-mal}}, 1)\ldots)))$$

Die rekursive Berechnung der $a(n-1,k')$-Werte (für jeweils variierende k'-Werte) endet nach Induktionsvoraussetzung nach einer jeweils endlichen Zahl von Schritten. Somit endet diese Berechnung von $a(n,k)$, die aus mehreren Berechnungen der Form $a(n-1,k')$ besteht, insgesamt ebenfalls nach endlich vielen Schritten. (Die Induktion verläuft hier, wie man sicher schon gemerkt hat, über den ersten Parameter n.)

Ein ganz bemerkenswertes Beispiel für einen Terminationsbeweis ergibt sich im Rahmen des **Perzeptron-Konvergenztheorems**. Im Abschnitt über Matrizen wurde das Perzeptron-Modell beschrieben. Wir erinnern an das in diesem Kontext wichtige Skalarprodukt von Vektoren. Gegeben seien nun eine Menge von „Beispielen“ $X_0 \dot\cup X_1 \subseteq \{0,1\}^{n+1}$, also erweiterten Eingabevektoren. Das Perzeptron soll nun anhand dieser Beispiele „lernen“, und zwar soll sukzessive sein Gewichtsvektor so verändert werden, dass die Vektoren aus X_0 den Funktionswert 0, und die Vektoren aus X_1 den Funktionswert 1 erhalten. Mit anderen Worten, das Perzeptron hat die Aufgabe, nach geeignetem „Training“ die Klassifikationsaufgabe, nämlich X_0 von X_1 zu unterscheiden, zu lösen. Da nicht alle Boole'schen Funktionen durch ein Perzeptron berechenbar sind (wie z.B. die XOR-Funktion), gehen wir im Folgenden von der Voraussetzung aus, dass die Mengen X_0 und X_1 **linear separierbar** sind, das heißt, dass es einen erweiterten Gewichtsvektor z gibt mit $\langle x,z\rangle < 0$ für $x \in X_0$ und $\langle x,z\rangle > 0$ für $x \in X_1$. Um einen solchen Vektor wie z durch „Lernen” zu finden, gehen wir wie folgt vor: Zum Zeitpunkt 0 starten wir mit dem Gewichtsvektor $w(0) = (0,0,\ldots,0)$. Solange der Vektor $w(j-1)$ zum Zeitpunkt $j-1$ ($j \geq 1$) noch nicht die gewünschte Eigenschaft hat, wählen wir einen der Beispielvektoren $x \in X_0 \dot{\cup} X_1$ aus, der falsch klassifiziert wird, und setzen

$$w(j) = \begin{cases} w(j-1) + x, & x \in X_1, \\ w(j-1) - x, & x \in X_0 \end{cases}$$

Dies ist die so genannte **Perzeptron-Lernregel**. Wir wollen nun zeigen, dass dieser Lernvorgang nach endlich vielen Schritten terminiert, dass also zu einem gewissen Zeitpunkt t ein Gewichtsvektor $w(t)$ erreicht wird, der alle Beispiele korrekt klassifiziert. Die folgende Skizze verdeutlicht die Situation. (Hierbei wird der Raum $\{0,1\}^{n+1}$ im Zweidimensionalen veranschaulicht, und die Linien stellen die jeweilige Trennung dar, die ein Gewichtsvektor $w(j)$ zu einem bestimmten Zeitpunkt j hervorruft.)

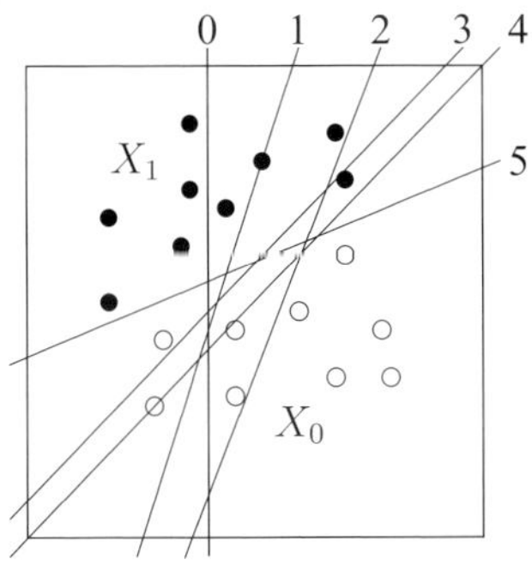

Sei $Y := X_1 \cup \{-x \mid x \in X_0\}$. Seien $x(j) \in Y$ (für $j = 1, 2, \ldots$) diejenigen Vektoren, die für die Anwendung der Lernregel zum jeweils j-ten Zeitpunkt herangezogen wurden (wobei im Falle $x(j) \notin X_1$ der eigentlich verwendete Eingabevektor $-x(j)$ war). Aber diese Notation mittels Y anstelle von $X_0 \dot{\cup} X_1$ hat den Vorteil, dass man ohne lästige Fallunterscheidungen folgende (Un-)Gleichungen angeben kann: Es gilt zum einen $\langle x, z \rangle > 0$ für alle $x \in Y$. Für späteren Gebrauch sei $\alpha := \min\{\langle x, z \rangle \mid x \in Y\}$. Zum anderen bedeutet die Fehlklassifikation von $x(j) \in Y$ bezogen auf den Gewichtsvektor $w(j-1)$, dass $\langle x(j), w(j-1) \rangle \leq 0$. Diese Situation führt zur Anwendung der Lernregel. Nach Anwendung der Lernregel haben wir dann $w(j) = w(j-1) + x(j)$. Somit ergibt sich nach dem j-ten Lernschritt insgesamt $w(j) = x(1) + \ldots + x(j)$. Wir geben im Folgenden für $\langle w(j), w(j) \rangle$ zum einen eine Abschätzung nach unten an (die eine quadratische Funktion in j darstellt) und zum anderen eine weitere Abschätzung nach oben (die linear in j ist). Beide Ungleichungen kombiniert liefern dann eine obere Schranke für j und damit für die Anzahl der maximal möglichen Lernschritte. Der Lernvorgang terminiert also.

Es gilt mit der Cauchy-Schwarz-Ungleichung:

$$\langle w(j), w(j)\rangle \cdot \langle z, z\rangle \geq \langle w(j), z\rangle \cdot \langle w(j), z\rangle$$

Ferner haben wir:

$$\begin{aligned} \langle w(j), z\rangle &= \langle (x(1) + \ldots + x(j)), z\rangle \\ &= \langle x(1), z\rangle + \ldots + \langle x(j), z\rangle \\ &\geq j \cdot \alpha \end{aligned}$$

Beides zusammen ergibt die Ungleichung:

$$\langle w(j), w(j)\rangle \geq \frac{\alpha^2}{\langle z, z\rangle} \cdot j^2$$

Nun folgt eine Abschätzung in die andere Richtung:

$$\begin{aligned} \langle w(j), w(j)\rangle &= \langle w(j-1) + x(j), w(j-1) + x(j)\rangle \\ &= \langle w(j-1), w(j-1)\rangle + 2 \cdot \langle w(j-1), x(j)\rangle + \langle x(j), x(j)\rangle \\ &\leq \langle w(j-1), w(j-1)\rangle + \langle x(j), x(j)\rangle \quad \text{da } \langle w(j-1), x(j)\rangle \leq 0 \end{aligned}$$

Damit ergibt sich:

$$\begin{aligned} \langle w(j), w(j)\rangle &\leq \langle x(1), x(1)\rangle + \ldots + \langle x(j), x(j)\rangle \\ &\leq j \cdot (n+1) \end{aligned}$$

Letztere Abschätzung gilt, da ein Skalarprodukt der Form $\langle x, x\rangle$, $x \in Y$, also $x \in \{0, 1, -1\}^{n+1}$, den Wert $n+1$ nicht übersteigen kann.

Die Abschätzung nach unten und die nach oben zusammengenommen ergeben, dass

$$j \leq \frac{\langle z, z\rangle \cdot (n+1)}{\alpha^2}$$

Dies zeigt, dass die Anzahl der Lernschritte beschränkt ist. Diese obere Schranke hängt von der Dimension n und von α und z (und damit von der Lage der Beispielvektoren) ab.

Ein weiterer ungewöhnlicher Terminationsbeweis wurde vor einiger Zeit gefunden[6]. Es geht um Constraint Satisfaction Probleme. Ein solches Problem ist gegeben durch eine Menge von „Constraints" $\{C_1, C_2, \ldots, C_m\}$ über einer Variablenmenge $\{x_1, x_2, \ldots, x_n\}$. Die Variablen können Werte einer endlichen Menge D annehmen. (Im

[6] Von Robin Moser, ETH Zürich, vorgestellt auf der STOC 2009; vgl. auch http://blog.computationalcomplexity.org/2009/06/kolmogorov-complexity-proof-of-lov.html.

einfachsten Fall ist $D = \{0, 1\}$, dann spricht man von einem SAT-Problem, vgl. den Abschnitt über NP-Vollständigkeit.) Jedes Constraint C_i bezieht sich auf eine kleine Teilmenge von, sagen wir $k \leq n$, Variablen und verbietet, dass diese betreffende Variablen-Teilmenge eine bestimmte Werte-Konstellation $\in D^k$ annimmt. Beispielsweise könnte ein Constraint die Aussage machen: $(x_3, x_4, x_8) \neq (2, 4, 0)$. Es geht nun darum, algorithmisch festzustellen, ob es eine Wertezuweisung $(a_1, \ldots, a_n) \in D^n$ an die Variablen gibt, so dass kein Constraint verletzt wird. Der folgende Algorithmus soll auf Termination untersucht werden. (Der Terminationsnachweis bedeutet hier gleichzeitig, dass es dem Algorithmus gelingt, eine Wertezuweisung an die Variablen zu finden, die alle Constraints erfüllt.)

```
Gib jeder Variablen einen zufälligen Anfangswert
For j := 1 To m Do
  If (Constraint C_j ist verletzt) Then Repair(C_j)
```

Die rekursive Prozedur Repair arbeitet wie folgt:

```
Proc Repair( C )
 Gibt den in C vorkommenden Variablen neue, zufällige Werte.
 Durchlaufe alle Constraints C', die mindestens eine gemeinsame
 Variable mit C enthalten, und, sofern Constraint C' verletzt ist,
 rufe rekursiv Repair( C' ) auf.
```

Wir nennen die Constraints C und C' Nachbarn, wenn sie gemeinsame Variablen enthalten. Der Terminationsnachweis gelingt nur, wenn vorausgesetzt werden darf, dass die Anzahl der Nachbarn jedes Constraints eine gewisse Schranke nicht überschreiten.

Dieser Algorithmus verwendet Zufallszahlen, jeweils aus der Menge D, und zwar für die Variablen-Anfangswerte n viele, und nachdem s-mal Repair aufgerufen wurde, weitere $s \cdot k$ viele. Eine solche Zufallszahlenfolge (hier: der Länge $n + s \cdot k$) kann nicht komprimiert werden und mit wesentlich weniger Zahlen rekonstruiert werden (dieses Argument wird im Abschnitt über informationstheoretische Argumente weiter vertieft). Wenn s groß genug ist, gelingt es uns jedoch, die Folge der $n + s \cdot k$ Zahlen kompakter zu beschreiben, und da das nicht sein kann, muss der Algorithmus vorher terminieren. Hierzu geben wir zunächst durch n Zahlen an, welche Variablen-Werte der Algorithmus *nach* diesen s Repair-Schritten erreicht hat. Wenn wir nun noch zusätzlich wüssten, in welcher Reihenfolge die Klauseln einem Repair-Aufruf unterzogen wurden, sagen wir

$$C_{j_1}, C_{j_2}, \ldots, C_{j_s}$$

so könnten wir tatsächlich alle $n + s \cdot k$ Zahlen rekonstruieren, indem wir die Repair-Schritte in Rückwärts-Reihenfolge wieder rückgängig machen, indem wir der Reihe nach für jedes Constraint C_{j_μ} ($\mu = s, \ldots, 2, 1$) die Variablenwerte wieder so abändern, dass dieses Constraint verletzt wird (und das geht nur auf eine eindeutige Weise). Es bleibt noch die Frage zu klären, wie man diese Constraint-Reihenfolge nur durch wenige bits an Information identifizieren kann. Hier wirkt sich nun aus, dass jedes Constraint C nach Voraussetzung nur „wenige" Nachbarn C' hat; wir können diese Nachbarn durchnummerieren und so die durchlaufene Constraint-Repair-Reihenfolge jeweils *relativ* zum Vorgänger-Constraint adressieren.
Mit diesen relativ-adressierten Constraint-Nummern und einigen weiteren Informationen, auf die wir hier nicht eingehen, lässt sich tatsächlich die ursprüngliche Folge von Zufallszahlen rekonstruieren, und auf diesem Weg wird damit die Termination gezeigt.

Abschließend bemerken wir noch, dass man bei einem probabilistischen Algorithmus die Termination so definiert, dass die Wahrscheinlichkeit für eine unendlich lange Rechnung gleich 0 sein muss. Beispielsweise gilt für den im Abschnitt über Wahrscheinlichkeit beschriebenen Algorithmus, dass

$$P(X = \infty) = \prod_{i=1}^{\infty} (1-p)^i = 0 \quad (\text{für } p > 0).$$

4.3 Schubfachprinzip und Anzahlargumente

Das **Schubfachprinzip**[7] besagt: wenn man n Schubfächer hat und $m > n$ viele Socken, die man in irgendeiner Weise auf die Schubfächer verteilt, so muss es mindestens ein Schubfach geben, das mindestens zwei Socken enthält. (In der angelsächsischen Literatur wird stattdessen mit Tauben und Taubenschlägen argumentiert; das Prinzip heißt dort **Pigeonhole Principle**).

Eine Informatik-Anwendung ist die Folgende: Wenn ein Automat, der n viele innere Zustände besitzt, einen Rechenvorgang durchlaufen hat, der mehr als n Schritte umfasste, so muss sich mindestens ein Zustand dabei wiederholt haben. (Dieses Argument kommt beim Beweis des Pumping-Lemmas vor.)

[7] Nach Lejeune Dirichlet (1805–1859).

Eine alternative Art, das Schubfachprinzip auszudrücken, ist die Folgende (siehe den Abschnitt über Funktionen). Sei $f : X \to Y$ eine Funktion, wobei X und Y endliche Mengen sind (man denke bei X an Socken und bei Y an Schubfächer). Dann gilt:

$$\text{Falls } f \text{ injektiv ist, so folgt } |X| \leq |Y|.$$

Genauer gesagt ist das Schubfachprinzip die Kontraposition dieser Implikation. Analog kann man auch sagen:

$$\text{Falls } f \text{ surjektiv ist, so folgt } |X| \geq |Y|.$$

Manchmal benutzt man diese Einsicht, wenn es beweistechnisch um den Nachweis der Bijektivität einer Funktion $f : X \to Y$ geht. Man zeigt dann entweder, dass f injektiv und $|X| \geq |Y|$ ist, oder man zeigt, dass f surjektiv und $|X| \leq |Y|$ ist.

Das Schubfachprinzip lässt sich verallgemeinern: Wenn man n Schubfächer hat und $m > k \cdot n$ viele Socken, die man in irgendeiner Weise auf die Schubfächer verteilt, so muss es mindestens ein Schubfach geben, das mindestens $k + 1$ Socken enthält.

Und noch weiter verallgemeinert: Wenn man endlich viele Schubfächer hat und unendlich viele Socken, die man in irgendeiner Weise auf die Schubfächer verteilt, so muss es mindestens ein Schubfach geben, das unendlich viele Socken enthält.
Beispiel: Wenn wir eine Äquivalenzrelation auf einer unendlichen Grundmenge mit endlichem Index gegeben haben (es gibt also nur endlich viele verschiedene Äquivalenzklassen), so muss mindestens eine Äquivalenzklasse unendlich viele Elemente enthalten.

Wir führen noch ein weiteres Beispiel an, das aus der Schaltkreistheorie stammt und auf Shannon[8] zurückgeht. Es geht um die Frage, wie viele Boole'sche Gatter man benötigt, um eine beliebige n-stellige Boole'sche Funktion berechnen zu können. Es gibt 2^{2^n} viele verschiedene n-stellige Boole'schen Funktionen $f : \{0,1\}^n \to \{0,1\}$. (Denn der Wahrheitswerteverlauf einer n-stelligen Boole'schen Funktion in der Wahrheitstafel besteht aus 2^n vielen Bits. Jedes dieser Bits kann man auf zwei Arten festlegen (0 oder 1); dies ergibt 2^{2^n} Möglichkeiten und somit so viele verschiedene n-stellige Boole'sche Funktionen.) Grundsätzlich reicht als einziger Boole'scher Schaltkreis-Bausteintyp das (2-stellige) Nand-Gatter aus, um jede solche Funktion darstellen zu können (denn $\{\,\mathrm{Nand}\,\}$ ist eine vollständige Basis). Die Frage ist nur, wie viele Nand's man dazu braucht.

[8]Claude Elwood Shannon (1916–2001), Pionier der Informations- und Nachrichtentechnik sowie der Schaltkreistheorie.

Nehmen wir an, wir haben k Nand-Gatter gegeben. Diese haben insgesamt $2k$ viele Eingänge. Jeder dieser Eingänge kann entweder mit dem Ausgang eines anderen Nand-Gatters verbunden werden, oder mit einem der n Schaltkreiseingänge $x_1, x_2, \ldots, x_n$, oder mit einer der Konstanten 0 oder 1. Somit gibt es $k + n + 2$ Anschlussmöglichkeiten für jeden der $2k$ Eingänge, insgesamt sind dies also $(k + n + 2)^{2k}$ viele Verschaltungsmöglichkeiten, die man mit k Gattern aufbauen kann. Damit gibt es sicher auch nicht mehr verschiedene Boole'sche Funktionen, die man mittels k Nand-Gattern berechnen kann. Nach dem Schubfachprinzip muss es also n-stellige Boole'sche Funktionen geben, die *nicht* mittels k Nand-Gattern berechnet werden können, sofern k „zu klein" ist, nämlich falls

$$(k+n+2)^{2k} \; < \; 2^{2^n}$$

Durch Logarithmieren erhalten wir:

$$2k \cdot \log_2(k+n+2) \; < \; 2^n$$

Man überzeugt sich davon, dass diese Ungleichung erfüllt wird, wenn wir $k = \frac{2^{n-1}}{n}$ einsetzen:

$$\begin{aligned} 2 \cdot \frac{2^{n-1}}{n} \cdot \log_2\Big(\frac{2^{n-1}}{n} + n + 2\Big) \; &< \; 2 \cdot \frac{2^{n-1}}{n} \cdot \log_2(2^n) \quad \text{für } n \geq 3 \\ &= \; 2^n \end{aligned}$$

Das heißt, für alle $n \geq 3$ gilt, dass es n-stellige Boole'sche Funktionen gibt, die nicht mittels $\frac{2^{n-1}}{n}$ vielen Nand-Gattern berechnet werden können.

4.4 Inklusion - Exklusion

Nehmen wir an, wir haben zwei endliche Mengen A und B, sagen wir zum Beispiel von natürlichen Zahlen. Sei $|A| = m$ und $|B| = n$. Wie viele Elemente hat dann $A \cup B$? Das kann man nicht genau sagen, es kommt darauf an, wie viele Duplikate in A und B auftreten. Das Ergebnis könnte irgendeine Zahl zwischen $\max(m, n)$ und $m + n$ sein. Sagen wir, es sei $|A \cap B| = k$. Dann können wir das Ergebnis exakt angeben: es ist $m + n - k$. Ausführlicher:[9]

$$|A \cup B| \; = \; |A| + |B| - |A \cap B|$$

[9]Interessant ist vielleicht auch noch folgende Variante: $|A \triangle B| = |A| + |B| - 2 \cdot |A \cap B|$.

Dieses **Inklusions-Exklusionsprinzip** lässt sich auch auf 3 Mengen verallgemeinern und lautet dann:

$$|A \cup B \cup C| \;=\; |A| + |B| + |C| - |A \cap B| - |A \cap C| - |B \cap C| + |A \cap B \cap C|$$

Dies lässt sich leicht einsehen durch Betrachten der folgenden Bilder. Es wird jeweils angezeigt, wie oft die betreffende Teilmenge bei der Summenbildung berücksichtigt wird.

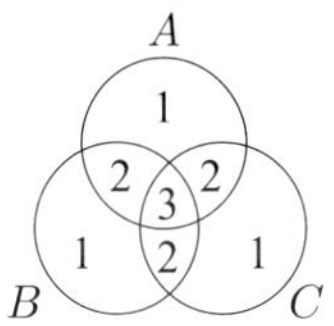

$|A| + |B| + |C|$

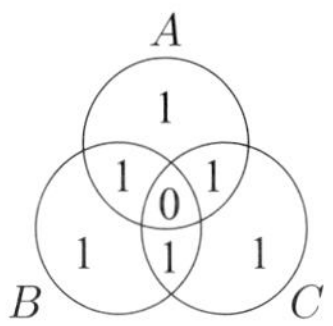

$|A| + |B| + |C|$
$-|A \cap B| - |A \cap C| - |B \cap C|$

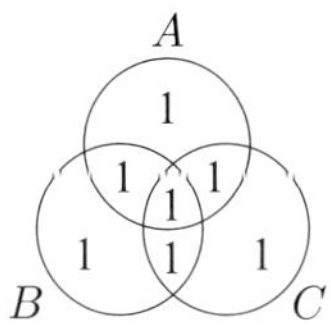

$|A| + |B| + |C|$
$-|A \cap B| - |A \cap C| - |B \cap C|$
$+|A \cap B \cap C|$

Die ultimative Verallgemeinerung ist dann auf n Mengen. Die Mächtigkeit der Vereinigung von allen n Mengen ist die Summe der Einzelmächtigkeiten; das ist dann aber im Allgemeinen zu viel. Wir subtrahieren die Mächtigkeiten aller Schnitte von je 2 Mengen. Danach ist die Zahl möglicherweise zu klein. Wir addieren wieder die Mächtigkeiten aller Schnitte von jeweils 3 Mengen, usw., immer alternierend einmal addieren, dann wieder subtrahieren.

Eine einfache Anwendung des Inklusions-Exklusionsprinzips in Bezug auf zwei Mengen ist die Folgende. Sei

$$\varphi(n) \;=\; |\{\, x \in \mathbb{N} \mid x \leq n \text{ ist teilerfremd zu } n \,\}|$$

die so genannte **Euler-Funktion**. Hierbei heißen zwei Zahlen teilerfremd, wenn sie außer der 1 keine gemeinsamen Teiler haben. Man sieht sofort, dass für Primzahlen p gilt $\varphi(p) = p - 1$, da alle natürlichen Zahlen von 1 bis $p - 1$ zu p teilerfremd sind. Sei nun $n \;=\; p \cdot q$ für zwei verschiedene Primzahlen p und q. (Diese Konstellation wird z.B.

bei dem kryptographischen RSA-System benötigt.) Wir wollen $\varphi(n)$ mittels Inklusion-Exklusion berechnen. Sei $M = \{x \in \mathbb{N} \mid 1 \leq x \leq n\}$. Diejenigen Zahlen, die gemeinsame Teiler mit n besitzen, sind die Vielfachen von p und die Vielfachen von q. Sei also

$$\begin{aligned} A &= \{x \in M \mid x \text{ ist Vielfaches von } p\} \\ B &= \{x \in M \mid x \text{ ist Vielfaches von } q\} \end{aligned}$$

Es ist $A \cap B = \{n\}$. Also ergibt sich:

$$\begin{aligned} \varphi(n) &= |M \setminus (A \cup B)| \\ &= n - |A \cup B| \\ &= n - (|A| + |B| - |A \cap B|) \\ &= n - \tfrac{n}{p} - \tfrac{n}{q} + 1 \\ &= p \cdot q - q - p + 1 \\ &= (p-1) \cdot (q-1) \end{aligned}$$

Wir haben hier mittels der Inklusions-Exklusionsformel diejenigen Elemente aus M „ausgesiebt“, die einen gemeinsamen Teiler mit n besitzen. In dieser Form, zur Komplementbildung angewandt, nennt man die Formel auch **Siebformel**.

In manchen Beweisen werden Inklusion-Exklusion-Argumente bei Abschätzungen (Ungleichungen) angewandt. Angenommen, wir haben die Möglichkeit, die Mächtigkeiten einzelner Mengen eines Mengensystems $\mathcal{M}$ zu bestimmen sowie die Mächtigkeiten von Schnitten je zweier solcher Mengen. Dann können wir wie folgt abschätzen:

$$\sum_{M \in \mathcal{M}} |M| - \sum_{\{M_1, M_2\} \in \binom{\mathcal{M}}{2}} |M_1 \cap M_2| \leq \left| \bigcup_{M \in \mathcal{M}} M \right| \leq \sum_{M \in \mathcal{M}} |M|$$

Man beachte, dass alles, was in diesem Abschnitt gesagt wurde, sinngemäß auch für Wahrscheinlichkeiten auf endlichen Ereignismengen gilt. Das heißt, man kann überall $|M|$ durch $P(M)$ ersetzen (vgl. den Abschnitt über Wahrscheinlichkeit).

4.5 Doppeltes Zählen

Doppeltes Zählen ist eine Methode, eine Summe von Objekten zu bestimmen. Betrachten wir zum Beispiel eine 2-dimensionale Matrix von Zahlen. Wir wollen die Gesamtsumme aller Zahlen in dieser Matrix bestimmen. Aus irgendeinem Grund könnte es sein, dass der direkte Weg, nämlich die Zahlen zeilenweise zusammenzuzählen, schwierig durchführbar ist. Möglicherweise ist es aber einfach, die Summe durch spaltenweises Addieren zu ermitteln. Man verwendet also die Identität $\sum_{i=1}^{n}\sum_{j=1}^{m} a_{i,j} = \sum_{j=1}^{m}\sum_{i=1}^{n} a_{i,j}$. Solche Methoden, die auf einer ungewöhnlichen Art beruhen, eine gesuchte Summe zusammenzuzählen, nennen sich **Doppeltes Zählen**.

Angeblich hat der berühmte Mathematiker Gauß, als er noch Schüler war, bereits die Summe der Zahlen von 1 bis n (wobei $n = 100$) mittels Doppelten Zählens ganz einfach ermittelt (diese Summe wurde bereits im Abschnitt über Induktion behandelt). Es soll für die Summe $\sum_{k=1}^{n} k$ eine explizite Formel ermittelt werden. Wir schreiben die Summe 2-mal auf und gruppieren die Summanden auf neue Weise:

$$\begin{aligned} 2\cdot\sum_{k=1}^{n} k &= \quad 1 \quad + \quad 2 \quad + \cdots + (n-1) + \quad n \\ &\quad + \quad n \quad + (n-1) + \cdots + \quad 2 \quad + \quad 1 \\ &= (n+1) + (n+1) + \cdots + (n+1) + (n+1) \\ &= n\cdot(n+1) \end{aligned}$$

Ein anderes Beispiel für Doppeltes Zählen: Wir betrachten einen Graphen, also ein Gebilde bestehend aus endlich vielen Knoten, die mittels (einiger) Kanten miteinander verbunden sind. (Wir verzichten auf eine formale Definition.) Der **Grad** eines Knotens ist die Anzahl der Nachbarknoten, mit denen der fragliche Knoten über eine Kante verbunden ist. Was können wir nun über die Summe aller Knotengrade sagen; wie groß ist sie, ist dies eine gerade oder eine ungerade Zahl? Nun, beim Aufsummieren der Knotengrade haben wir sozusagen jede Kante einmal von jeder Seite „angefasst". Daher ist die Summe der Knotengrade immer exakt zweimal die Anzahl der Kanten des Graphen, und damit immer eine gerade Zahl („Handschlaglemma").

Mit diesem Argument lässt sich beispielsweise zeigen, dass es keinen Graphen mit 5 Knoten geben kann, so dass jeder Knoten exakt 3 Nachbarn hat. (Dann wäre die Summe der Knotengrade $5 \cdot 3 = 15$, also eine ungerade Zahl.)

Der Erwartungswert einer Zufallsvariablen X, die natürliche Zahlen als Werte annehmen kann, ist bekanntlich $E(X) = \sum_{k=1}^{\infty} k \cdot P(X = k)$. Auf den ersten Blick überraschend ist dann folgende Formel

$$E(X) = \sum_{k=1}^{\infty} P(X \geq k)$$

die in manchen Fällen einfacher auszurechnen ist als nach der Definitionsformel. Die

Begründung für diese Formel ergibt sich nach der Methode Doppeltes Zählen. Es gilt:

$$\begin{aligned} E(X) &= \textstyle\sum_{k=1}^{\infty} k \cdot P(X=k) \\ &= P(X=1) + 2 \cdot P(X=2) + 3 \cdot P(X=3) + 4 \cdot P(X=4) + \cdots \\ &= P(X=1) + \\ &\quad\, P(X=2) + P(X=2) + \\ &\quad\, P(X=3) + P(X=3) + P(X=3) + \\ &\quad\, P(X=4) + P(X=4) + P(X=4) + P(X=4) + \\ &\quad\, \ldots \end{aligned}$$

Dies ist eine Summe von Wahrscheinlichkeiten, angeordnet in einer unendlichen dreiecksförmigen Matrix. Wenn wir nun die Summe spaltenweise, statt zeilenweise, bilden, so ergibt sich:

$$E(X) = P(X \geq 1) + P(X \geq 2) + P(X \geq 3) + P(X \geq 4) + \cdots = \sum_{k=1}^{\infty} P(X \geq k)$$

4.6 Diagonalisierung

Für die Methode der Diagonalisierung benötigen wir eine unendliche Folge von unendlichen Folgen (oder Funktionen auf $\mathbb{N}$). Nehmen wir Funktionen:

$$f_1, f_2, f_3, \ldots : \mathbb{N} \to \mathbb{N}$$

Ziel der Methode ist es, eine neue Funktion g zu definieren, die mit keiner der Funktionen f_n identisch sein kann. Dies geht dadurch, dass man festlegt:

$$g(n) = f_n(n) + 1 \quad \text{für} \quad n = 1, 2, 3, \ldots$$

Nun unterscheidet sich g von der Funktion f_n an der Stelle n (für alle $n \in \mathbb{N}$).

Das kann man sich so vorstellen, dass man die Funktionswerte jeder Funktion f_n in einer (unendlich langen) Zeile hinschreibt, und die Funktionen Zeile für Zeile untereinander schreibt:

$$\begin{array}{ccccc} \mathbf{f_1(1)} & f_1(2) & f_1(3) & f_1(4) & \ldots \\ f_2(1) & \mathbf{f_2(2)} & f_2(3) & f_2(4) & \ldots \\ f_3(1) & f_3(2) & \mathbf{f_3(3)} & f_3(4) & \ldots \\ f_4(1) & f_4(2) & f_4(3) & \mathbf{f_4(4)} & \ldots \\ \vdots & & & & \ddots \end{array}$$

Die Definition von g orientiert sich an der Diagonalen (daher der Name der Methode); es kommt nur darauf an, dass der Wert $g(n)$ verschieden von $f_n(n)$ definiert wird. Sollten die Funktionen zum Beispiel als Wertebereich nur die Menge $\{0, 1\}$, also Bits, haben, so kann man $g(n) = \neg f_n(n)$ setzen.

Je nach Kontext können wir Verschiedenes hiermit anfangen: Zum Nachweis, dass die Menge der reellen Zahlen im Intervall $[0, 1)$ nicht abzählbar ist, nehmen wir im Rahmen eines indirektes Beweises an, sie wäre es doch. Das heißt, es gibt eine Bijektion zwischen $\mathbb{N}$ und dem reellen Intervall $[0, 1)$. Jede Zahl r in diesem Intervall kann als eine im Allgemeinen unendliche Dezimalzahl[10] dargestellt werden:

$$r = 0.a_1a_2a_3a_4 \ldots \quad \text{wobei } a_n \in \{0, 1, \ldots, 9\}$$

Die Annahme impliziert, dass wir diese Zahlen vollständig auflisten und durchnummerieren können:

$$\{r^{(1)}, r^{(2)}, r^{(3)}, \ldots\} = [0, 1)$$

Hierbei notieren wir die Dezimaldarstellung von $r^{(i)}$ durch

$$r^{(i)} = 0.\, a_1^{(i)} a_2^{(i)} a_3^{(i)} a_4^{(i)} \ldots$$

Wir konstruieren nun eine Zahl $z = 0.b_1b_2b_3b_4 \ldots \in [0, 1)$, die sich von allen Zahlen $r^{(i)}$ unterscheidet, somit nicht in der Liste vorkommen kann, durch die Festlegung $b_n = (a_n^{(n)} + 1) \bmod 10,\ n = 1, 2, 3, \ldots$ Dieser Widerspruch zeigt, dass $[0, 1)$ (und damit auch $\mathbb{R}$) nicht abzählbar sein kann, also überabzählbar ist. (Diese Beweismethode nennt sich **zweites Cantor'sches Diagonalverfahren**.)

Völlig analog kann man argumentieren, um zu zeigen, dass die Potenzmenge $\mathcal{P}(M)$ einer abzählbar unendlichen Menge M nicht abzählbar sein kann, also überabzählbar sein muss. Jede Teilmenge T von $M = \{m_1, m_2, m_3, \ldots\}$ kann als unendlich langer Bitstring geschrieben werden, wobei das n-te Bit signalisiert, ob m_n in T enthalten ist oder nicht.

In der Informatik können wir die Menge aller Turing-Maschinen (oder Grammatiken, oder anderer endlicher Objekte) systematisch auflisten, da sie sich als Wörter über einem endlichen Alphabet verstehen lassen, und damit eine abzählbare Menge darstellen

[10] Für den Beweis ist es unerheblich, dass manche Zahlen auf zwei Arten dargestellt werden können: 0.4000… = 0.3999…

(siehe Abschnitt über Abzählbarkeit). Eine Turing-Maschine M (oder eine Grammatik G) definiert aber wiederum eine unendliche Menge von Wörtern (die Menge der akzeptierten oder generierten) Wörter, die wir mit $L(M)$ (bzw. $L(G)$) bezeichnen wollen. Insofern können wir $L(M_1), L(M_2), L(M_3), \ldots$ wiederum in einer unendlichen Matrix notieren und mit der Methode der Diagonalisierung eine Menge D definieren mittels $x_n \in D$ genau dann, wenn $x_n \notin L(M_n)$. Auf diese Weise weist man nach, dass nicht alle Mengen durch eine Turing-Maschine dargestellt werden können, also dass es so genannte nicht-rekursiv aufzählbare Sprachen gibt (oder entsprechend, dass es nicht-berechenbare Funktionen gibt).

4.7 Beweis durch Lineare Algebra

In der Linearen Algebra werden eine Vielzahl von Konzepten bereitgestellt, wie Vektoren, Vektorräume, lineare Abbildungen, Matrizen, Determinanten, lineare Unabhängigkeit, lineare Gleichungssysteme, Rang, Dimension, Basis, Eigenwert und Eigenvektor. Darüber hinaus werden allgemein anwendbare Sätze mit Hilfe dieser Begriffe bewiesen. Diese „Toolbox“ an Konzepten, Definitionen und Sätzen erweist sich als äußerst nützlich, um auch viele Konzepte in der Informatik (über Arrays, Graphen, Hashing, Greedy-Algorithmen, Codierung, Fehlerkorrektur, Datenkompression, Boole'sche Schaltkreise u.a.) zu fundieren bzw. entsprechende Beweise auf Sätze der Linearen Algebra zurückzuführen.

Beispielsweise kann man gewisse universale Hashverfahren als eine Boole'sche Vektor-Matrix-Multiplikation auffassen; die Analyse von Greedy-Algorithmen kann über Matroide, eine spezielle algebraische Struktur, begründet werden; Linear-Codes werden durch die Multiplikation des Nachrichtenwortes mit einer Generatormatrix erzeugt; Reed-Solomon Codes werden über endlichen Körpern definiert und sind eine spezielle Anwendung der diskreten Fourier-Transformation (siehe Abschnitt über Funktionaltransformationen), und diese wiederum kann als eine Multiplikation mit einer Vandermonde'schen Matrix dargestellt werden. Bild-, Video- und Audio-Kompressionsverfahren verwenden verschiedene Arten von Funktionaltransformationen; Expandergraphen (siehe Abschnitt über probabilistische Konstruktionen) können mit Hilfe der Eigenwerte der Graph-Adjazenzmatrix charakterisiert werden. Beim Nachweis von unteren Schranken für die Größe bestimmter Boole'scher Schaltkreise werden solche Schaltkreise durch Polynome (möglichst kleinen Grades) repräsentiert (oder approximiert), vgl. nachfolgenden Abschnitt. Dann wird auf Ergebnisse der Linearen Algebra zurückgegriffen, zum Beispiel, dass die Zahl der Nullstellen bei einem Polynom kleinen Grades beschränkt ist. Und es gibt noch viele andere Beispiele dieser Art.

Soll die Mächtigkeit einer Menge M nach oben abgeschätzt werden, so kann man versuchen, eine Abbildung $f : M \to K^d$ (für einen Vektorraum K^d) anzugeben. Aus der Injektivität von f folgt $|M| \leq |K|^d$ (siehe Abschnitt über das Schubfachprinzip). Sofern man noch nachweisen kann, dass die Vektoren $f(m), m \in M$ linear unabhängig sind, folgt die wesentlich bessere Schranke $|M| \leq d$.

Das Buch von Babai und Frankl (siehe Literaturverzeichnis) hat genau dieses zum Programm erhoben, nämlich möglichst viele Anwendungen, auch im Bereich der Informatik, mit Hilfe von Konzepten und Ergebnissen der Linearen Algebra zu untersuchen (siehe auch Kap. 6.6. im Buch von Jukna).

4.8 Beweismethode „Polynomifizierung"

Die Methode besteht darin, die von einem Algorithmus, einer Boole'sche Schaltung oder einer Formel repräsentierte oder berechnete Funktion durch ein Polynom darzustellen oder zu approximieren.

Ein **Polynom** ist eine Funktion der folgenden Form

$$x \mapsto a_k \cdot x^k + a_{k-1} \cdot x^{k-1} + \cdots + a_1 \cdot x + a_0$$

Dies ist ein Polynom in einer Variablen. (Die Definition lässt sich auch verallgemeinern auf Polynome mit n Variablen.) Der **Grad** dieses Polynoms ist k (sofern $a_k \neq 0$). Polynome über den reellen Zahlen vom Grad $k > 0$ besitzen höchstens k Nullstellen. Ferner sind Polynome stetige Funktionen, so dass man den Zwischenwertsatz anwenden kann. Mit diesen elementaren Fakten ausgestattet, lassen sich oft Beweise über Informatik-Objekte wie zum Beispiel Schaltkreise führen.

Wir wollen zeigen, dass ein Perzeptron, wie im Abschnitt über Matrizen eingeführt, nicht in der Lage ist, die XOR-Funktion zu berechnen. Nehmen wir im Zuge eines indirekten Beweises an, das wäre doch der Fall, so dass es reellwertige Gewichte u und v und einen

Schwellenwert t gibt, so dass

$$\begin{aligned} XOR(x,y) = 1 &\Rightarrow x \cdot u + y \cdot v > t \\ XOR(x,y) = 0 &\Rightarrow x \cdot u + y \cdot v < t \end{aligned}$$

Da die XOR-Funktion symmetrisch ist, kann man die Rollen von x und y auch vertauschen:

$$\begin{aligned} XOR(x,y) = 1 &\Rightarrow y \cdot u + x \cdot v > t \\ XOR(x,y) = 0 &\Rightarrow y \cdot u + x \cdot v < t \end{aligned}$$

Addieren ergibt:

$$\begin{aligned} XOR(x,y) = 1 &\Rightarrow x \cdot (u+v) + y \cdot (u+v) - 2t > 0 \\ XOR(x,y) = 0 &\Rightarrow x \cdot (u+v) + y \cdot (u+v) - 2t < 0 \end{aligned}$$

Indem wir $z = x + y$ setzen, erhalten wir die folgende lineare Funktion (oder das Polynom vom Grad 1) in der Variablen z:

$$f(z) := (u+v) \cdot z - 2t$$

Für diese Funktion sollte gelten: $f(0) < 0$, $f(1) > 0$, $f(2) < 0$. Das heißt mit dem Zwischenwertsatz, dass diese Funktion f zwei Nullstellen besitzen muss, eine zwischen 0 und 1, und eine zwischen 1 und 2. Eine lineare Funktion kann jedoch höchstens eine Nullstelle besitzen. Dieser Widerspruch zeigt, dass ein einzelnes Perzeptron nicht in der Lage ist, die XOR-Funktion zu berechnen.

Betrachten wir nun als nächstes Beispiel Boole'sche Schaltkreise der folgenden Art: Als Eingangssignale stehen die n Boole'schen Variablen $x_1, \ldots, x_n$ sowie ihre Negationen $\neg x_1, \ldots, \neg x_n$ zur Verfügung. Der Schaltkreis besteht aus Und- und Oder-Gattern mit beliebig großem Fan-in; das heißt, es werden also pro Gatter Teilfunktionen der Form

$$(z_1 \wedge z_2 \wedge \cdots \wedge z_m) \quad \text{bzw.} \quad (z_1 \vee z_2 \vee \cdots \vee z_m)$$

berechnet. Die **Tiefe** dieses Schaltkreises, also die maximale Anzahl hintereinander folgender Gatter (bzw. ineinander geschachtelter Und-Oder-Funktionen), ist durch eine Konstante d beschränkt.[11] Für viele Jahre war folgendes Problem offen: Lässt sich durch einen polynomial-großen Schaltkreis dieser Art die Paritätsfunktion

$$par(x_1, x_2, \ldots, x_n) := x_1 \oplus x_2 \oplus \cdots \oplus x_n$$

[11] Was wir hier andeuten sind Schaltkreise, die die Komplexitätsklasse AC^0 definieren.

berechnen? Wir bilden Schaltkreise der beschriebenen Art durch Polynome in n Variablen mit „kleinem" Grad in gewisser Weise nach. Das Folgende ist ein erster Versuch: Ersetze $\neg x_i$ durch $1-x_i$. Ersetze $(z_1 \wedge z_2 \wedge \ldots \wedge z_m)$ durch $\prod_{i=1}^m z_i$ sowie $(z_1 \vee z_2 \vee \ldots \vee z_m)$ (mittels deMorgan) durch $1 - \prod_{i=1}^m (1 - z_i)$. Dann gilt, dass dieses Polynom für Argumente $(x_1, \ldots, x_n) \in \{0,1\}^n$ genau den 0/1-Wert berechnet, den der Schaltkreis bei dieser Eingabe berechnet.

Da $0^k = 0$ und $1^k = 1$, können alle höheren Potenzen als 1 zu 1 reduziert werden. Der Grad dieser multi-linearen Polynome ergibt sich nun durch die maximale Anzahl der x_i, die miteinander multipliziert werden. Das Problem ist nur, dass die vorkommenden Produkte in den oben definierten Polynomen alle vorkommenden Variablen enthalten können und daher der Grad n ist. Daher ersetzen wir diese Konstruktion durch eine andere, die Polynome mit weit geringerem Grad in zufälliger Weise konstruiert. Allerdings gilt nun, dass die fragliche, vom Schaltkreis berechnete Boole'sche Funktion, nur mit einer Wahrscheinlichkeit nahe bei 1 korrekt vom Zufallspolynom berechnet wird.

Wir beginnen nochmals neu die Oder-Funktion zu definieren. Wenn die Oder-Verknüpfung $(z_1 \vee z_2 \vee \ldots \vee z_m)$ wahr ist, so gibt es dabei eine gewisse Anzahl $k \in \{1, \ldots, m\}$ viele z_j's, die wahr sind. Wenn wir mit $S_0 = \{1, 2, \ldots, m\}$ beginnen und anschließend $\log(m)$-mal zufällige Teilmengen der jeweiligen Vorgängermenge bilden, also

$$\{1, 2, \ldots, m\} = S_0 \supseteq S_1 \supseteq S_2 \supseteq \ldots \supseteq S_{\log(m)}$$

so kann man mit elementarer Wahrscheinlichkeitsrechnung nachweisen, dass mit Wahrscheinlichkeit mindestens $\frac{1}{2}$ in einer der Mengen S_i nur noch *genau ein* Index j existiert, so dass z_j wahr ist. Sollte dieser Fall vorliegen, so berechnet das Polynom

$$1 - \underbrace{\prod_{i=0}^{\log(m)} (1 - \sum_{j \in S_i} z_j)}_{q :=}$$

korrekt den Funktionswert 1. (Und sollten alle z_i und damit die gesamte Oder-Verknüpfung falsch sein, dann hat dieses Polynom den Wert 0, und ist somit auch korrekt.) Dieses Polynom hat Grad $\log(n)$, stimmt jedoch mit der gewünschten Funktion nur mit Wahrscheinlichkeit $\frac{1}{2}$ überein. Wenn wir nun die Fehlerquote verkleinern wollen, so wählen wir t solche Polynome wie das Polynom q oben (mit jeweils unabhängigen Zufallszahlen), also $q_1, \ldots, q_t$, und bilden das Polynom

$$h(z_1, \ldots, z_m) = 1 - q_1 \cdot q_2 \cdot \ldots \cdot q_t$$

welches Grad $t \cdot \log(n)$ hat.

Die Und-Verknüpfung können wir nun wieder mittels deMorgan approximieren durch $1 - h(1 - z_1, 1 - z_2, \ldots, 1 - z_m)$. Selbst wenn man Polynome wie diese gemäß der Verschaltung des Schaltkreises ineinander einsetzt, so entsteht aufgrund der beschränkten Tiefe des Schaltkreises immer noch ein Polynom mit relativ kleinem (polylogarithmischem) Grad, das für die überwältigende Mehrheit der Eingaben eine korrekte Ausgabe liefert. Der zweite Teil des Beweises (auf den wir hier nicht eingehen) zeigt nun, dass die Paritätsfunktion nicht durch ein Polynom solch kleinen Grads berechnet und auch nicht approximiert werden kann. Daher können Schaltkreise der beschriebenen Art die Paritätsfunktion tatsächlich nicht berechnen.

4.9 Informationstheoretische Argumente

Nehmen wir an, jemand hat ein Element aus einer endlichen Menge M ausgewählt, und wir sollen durch möglichst wenige ja/nein-Fragen herausbekommen, welches das fragliche Element ist. Dies ist im Angelsächsischen ein bekanntes Spiel: durch maximal 20 Fragen[12] soll ein beliebiger Begriff ermittelt werden, den sich eine andere Person gemerkt hat (und die wahrheitsgemäß auf die gestellten ja/nein-Fragen antworten muss). Egal nach welcher Strategie man seine Fragen stellt, bei einer n-elementigen Menge M wird es immer Elemente geben, so dass man mindestens $\log_2 n$ viele Fragen stellen muss, bis man das Element eindeutig identifiziert hat. Umgekehrt kann man die Fragen immer so stellen (indem man durch jede Frage die Anzahl der verbleibenden Möglichkeiten halbiert), dass man sicher auch nicht mehr als diese Anzahl benötigt. Das heißt, durch das Stellen von k Fragen kann man 2^k Möglichkeiten voneinander unterscheiden. (Man beachte, es ist $2^{20} = 1\,048\,576$). Die folgenden Bilder zeigen zwei mögliche Frage-Strategien, um eine von 8 Möglichkeiten zu identifizieren.

[12] http://en.wikipedia.org/wiki/20Q, http://www.20q.net

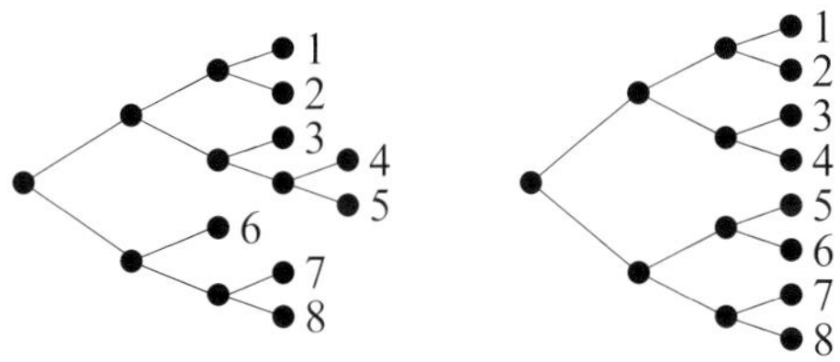

Bei der ersten Strategie benötigt man zwischen 2 und 4 Fragen, um eines der 8 Objekte zu identifizieren, bei der zweiten „ausbalancierten" Strategie benötigt man immer $3 = \log_2 8$ Fragen. Die oben aufgestellte Behauptung über die notwendige Anzahl der Fragen bei n Möglichkeiten kann man leicht durch eine Induktion nach n beweisen.

Man nennt die Zahl $\log_2 n$ den **Informationsgehalt**, der dem Identifizierungsprozess bei n Elementen zugrunde liegt, und man verwendet als Einheit für den Informationsgehalt **bit**[13].

Als Beispiel-Anwendung wollen wir zeigen, dass *jeder* Sortieralgorithmus, bei Eingabe eines zu sortierenden Arrays bestehend aus n Arrayelementen, im schlechtesten Fall mindestens $n \log_2 n - 2n$ viele Vergleichsoperationen durchführen muss, bis das Eingabe-Array sortiert ist. Durch eine Abfrage der Form $a[i] \overset{?}{<} a[j]$ erfährt der Sortieralgorithmus im Sinne der obigen Diskussion 1 bit an Information. Er muss, um korrekt sortieren zu können, identifizieren, welche der $n!$ möglichen Permutationen das Array sortiert (vgl. die Diskussion über Permutationen im Abschnitt über Funktionen). Das bedeutet, ein Sortieralgorithmus muss $\log_2(n!)$ viele „Fragen" der Form $a[i] \overset{?}{<} a[j]$ stellen, um diese Permutation zu identifizieren. Wir schätzen diese „unhandliche" Funktion $\log_2(n!)$ nach unten ab. Es gilt $e^x = \sum_{i=0}^{\infty} \frac{x^i}{i!}$. Indem wir diese unendliche Summe durch den n-ten Summanden nach unten abschätzen und darüberhinaus $x = n$ einsetzen, erhalten wir: $e^n \geq \frac{n^n}{n!}$, also $n! \geq (\frac{n}{e})^n$. Es folgt:

$$\log_2(n!) \geq \log_2\Big((\frac{n}{e})^n\Big) = n \log_2 n - n \log_2 e \geq n \log_2 n - 2n$$

Bei der fortgeschrittenen Version eines informationstheoretischen Arguments haben wir noch ggf. eine Wahrscheinlichkeitsverteilung $(p_1, p_2, \ldots, p_n)$, $0 \leq p_i \leq 1$, $\sum_{i=1}^{n} p_i = 1$, gegeben, die den n zu identifizierenden Objekten zugeordnet ist. Die mittlere (erwar-

[13]Dies steht für binary digit und geht auf Shannon zurück.

tete) Anzahl von ja/nein-Fragen ist dann mindestens

$$H(p_1, p_2, \ldots, p_n) = -\sum_{i=1}^{n} p_i \log_2 p_i$$

wobei H die so genannte **Entropie** der betreffenden Wahrscheinlichkeitsverteilung ist. Dies soll hier nicht weiter vertieft werden.

Es gibt noch einen etwas anderen Zugang zum Informationsbegriff und damit zu Beweisen, die mittels Informationstheorie geführt werden. Ein langes, zufälliges Wort $y \in \{0,1\}^n$ der Länge n (hier ist $n = 50$)

$$10101110101100100100101010010011110001110001001100$$

enthält n bits an Information, und es sollte unmöglich sein, ein solches Wort durch ein anderes 0-1-Wort zu beschreiben, das kürzer als n ist. Konkret: Sei $f : \{0,1\}^* \rightarrow \{0,1\}^*$ eine Funktion, in deren Wertebereich alle Wörter der Länge n vorkommen. Sofern $f : x \mapsto y$, $|y| = n$, so fassen wir x als „Beschreibung" des Wortes y auf. Die Funktion f formt die kompakte Beschreibung wieder um in das Wort selbst (so etwas wie ein Dekompressionsalgorithmus). Es gibt 2^n viele Wörter der Länge n, es stehen aber nur $\sum_{i=0}^{n-1} 2^i = 2^n - 1$ viele Wörter mit Länge $< n$ als potenzielle Kandidaten zur kürzeren Beschreibung zur Verfügung. Also muss es (nach dem Schubfachprinzip) mindestens ein Wort der Länge n geben, das vermittels f *nicht* kürzer beschrieben werden kann. Dieses Argument trifft auf jede potenzielle „Dekomprimierungsmethode" f zu.

Die Beweismethode besteht nun darin, für die mathematischen Objekte, um die es jeweils geht, eine potenzielle Komprimierungsmethode anzugeben und dann zu argumentieren, dass es aber Objekte geben muss, die nicht komprimiert werden können.

Beispiel: Wir wollen den Nachweis, dass es unendlich viele Primzahlen gibt, noch einmal mit einem informationstheoretischen Argument führen. Wenn es nur die endlich vielen Primzahlen $p_1, p_2, \ldots, p_k$ gäbe, dann könnte jede natürliche Zahl n in der Form $n = p_1^{e_1} \cdot p_2^{e_2} \cdots p_k^{e_k}$ für geeignete Potenzen $e_i \leq \log_2 n$ dargestellt werden. Wir können die Zahl n, die als Binärzahl geschrieben $\log_2 n$ viele Bits[14] umfasst, dadurch kompakt beschreiben, dass wir die Zahlenfolge $(e_1, e_2, \ldots, e_k)$ als 0-1-Wort codieren. Dazu benötigen wir nur $k \cdot \log_2(\log_2 n)$ viele Bits. Für große n ist $k \cdot \log_2(\log_2 n)$ wesentlich

[14] Wir verwenden hier der Einfachheit halber den Ausdruck $\log_2(n)$, um die Anzahl der Bits anzugeben, die die Binärdarstellung von n in Anspruch nimmt. Korrekt (aber umständlicher) wäre wohl $\lfloor \log_2 n \rfloor + 1$.

kleiner als $\log_2 n$. Die Zahl n kann aber so gewählt werden, dass deren Binärdarstellung (bezogen auf diese soeben beschriebene Komprimiermethode) nicht komprimierbar ist. Also haben wir einen Widerspruch.

Ein weiteres Beispiel: Die Wahrheitstafel einer n-stelligen Boole'schen Funktion g hat folgende Bauart:

x_1	x_2	$\cdots$	x_n	$g(x_1, x_2, \ldots, x_n)$
0	0	$\ldots$	0	$\bullet$
0	0	$\ldots$	1	$\bullet$
$\vdots$	$\vdots$	$\ddots$	$\vdots$	$\vdots$
1	1	$\ldots$	1	$\bullet$

Der Wahrheitswerteverlauf von g ist nur durch Punkte angedeutet. Dies ist ein 0-1-Wort der Länge 2^n, hat also 2^n bits an Information. Nehmen wir an, die betreffende Funktion g wird durch eine Schaltung aus k Nand-Gattern berechnet. Diese k Nand-Gatter haben $2k$ Eingänge. Wir können die Funktion g dadurch beschreiben, dass wir die Verschaltung der Nand-Gatter-Eingänge in Form einer Folge $(a_1, a_2, \ldots, a_{2k})$ notieren bzw. diese Folge als 0-1-Wort codieren. Die Zahlen a_i können $k+n+2$ mögliche Werte annehmen, also benötigt diese Art der Beschreibung von g insgesamt $2k \cdot \log_2(k+n+2)$ bits. Das Einsetzen von $k = \frac{2^{n-1}}{n}$ führt auf eine Berechnung, wie wir sie bereits im Abschnitt über das Schubfachprinzip durchgeführt hatten, und zeigt, wenn g als nicht-komprimierbar (in Bezug auf diese Codiermethode) gewählt wurde, dass dann g mehr als $\frac{2^{n-1}}{n}$ viele Nand-Gatter zur Berechnung benötigt.

4.10 Erzeugende Funktionen, Funktionaltransformationen

Dem Thema dieses Abschnitts werden Studierende in den ersten Semestern vermutlich noch nicht begegnen. Wir wollen hier den Versuch wagen, mehrere verschiedene Arten von „Transformationen", die man auf Funktionen oder Folgen anwenden kann, in einer gemeinsamen Diskussion unter einen Hut zu bringen. Zunächst bemerken wir, dass Folgen ja auch nichts anderes als Funktionen sind, die auf dem Definitionsbereich der natürlichen Zahlen fußen.

Wir beginnen mit einem Beispiel, das auf Folgen basiert: Einer (endlichen oder unendlichen) Folge $a = (a_0, a_1, a_2, \ldots)$ kann man folgendermaßen eine Funktion (in einer neuen, formalen Variablen z), eine so genannte **Potenzreihe**, zuordnen:

$$F_a(z) = \sum_{n\geq 0} a_n \cdot z^n$$

In vielen Fällen lässt sich für diese Reihe eine explizite Darstellung angeben. Etwa für die Folge $a = (1, 1, 1, \ldots)$ gilt

$$F_a(z) = \sum_{n\geq 0} z^n = \frac{1}{1-z} \quad \text{für} \quad |z| < 1$$

Umgekehrt kann man aus der Formel $\frac{1}{1-z}$ durch Polynomdivision die ursprüngliche Folge wieder zurückerhalten:

$$1 : (1-z) = \mathbf{1} + \mathbf{1}\cdot z + \mathbf{1}\cdot z^2 + \mathbf{1}\cdot z^3 + \cdots$$

Was wir hier haben, ist eine Transformation, die aus einer gegebenen Funktion (im so genannten Objektbereich oder Originalbereich) eine neue Funktion macht (im Bildbereich), die die ursprüngliche Funktion eindeutig repräsentiert, in dem Sinne, dass man aus der transformierten Funktion die ursprüngliche wieder zurückerhalten kann. Die transformierte Funktion nennt man bei diesem Beispiel auch **erzeugende Funktion**, und die Umkehrung, die Folge, von der wir ausgegangen sind, ist gerade die Koeffizientenfolge der Potenzreihenentwicklung der erzeugenden Funktion.

Wir wollen die Art der Transformation etwas variieren: Wir könnten in die Funktion $F_a(z) = \sum_{n\geq 0} a_n z^n$ von oben für die Variable z systematisch die Werte $1 = \omega^0, \omega^1, \omega^2, \ldots$ (für eine Konstante ω) einsetzen und so statt einer einzelnen Formel in einer formalen Variablen z eine neue Zahlenfolge erhalten:

$$\Big(\sum_{n\geq 0} a_n\omega^0, \sum_{n\geq 0} a_n\omega^n, \sum_{n\geq 0} a_n\omega^{2n}, \sum_{n\geq 0} a_n\omega^{3n}, \ldots\Big) = \Big(F_a(\omega^0), F_a(\omega^1), F_a(\omega^2), \ldots\Big)$$

Dies nennt man die **diskrete Fourier-Transformierte** der ursprünglichen Folge $a = (a_0, a_1, a_2, \ldots)$. Hierbei ist jedoch noch genauer zu klären, was die Grundmenge für die Koeffizienten a_i ist, und wie man ω wählt. Wir wollen in das Thema nicht noch tiefer eindringen.

Indem man den Term „z^n“ in obiger Transformationsformel abändert, bzw. diejenigen Zahlen, die man für z einsetzt, kann man verschiedene weitere **Funktionaltransformationen** erhalten: die exponentiell-erzeugenden Funktionen, die erwähnte Fourier-

Transformation, die Laplace-Transformation, die Z-Transformation, u.v.a.m.[15] Ferner kann man entsprechende Transformationen auch auf kontinuierlichen Funktionen definieren. Anstelle des Summenzeichens sieht man dann ein Integralzeichen.

In den Ingenieurwissenschaften[16] spielen diese Transformationen eine wichtige und anwendungsnahe Rolle. Man bezeichnet dort den Objektbereich, aus dem die ursprüngliche Funktion entstammt, oft auch den Signal- oder Zeitbereich, und den Bildbereich, auf dem die transformierte Funktion definiert ist, den Frequenz- oder Spektralbereich. Man verwendet das folgende, sehr intuitive „Hantel-Symbol" $\circ\!\!-\!\!\bullet$ um den Zusammenhang (die so genannte **Korrespondenz**) zwischen Originalfunktion und transformierter Funktion darzustellen, etwa an unserem Beispiel:

$$a = (1, 1, 1, \ldots) \circ\!\!-\!\!\bullet F_a(z) = \frac{1}{1-z}$$

Übrigens sieht man auch leicht ein, dass diese Korrespondenz verallgemeinert werden kann zu

$$(1, c, c^2, c^3, \ldots) \circ\!\!-\!\!\bullet F(z) = \frac{1}{1-cz}$$

die sich später noch als nützlich erweisen wird.

Man muss natürlich bei Verwenden des Symbols $\circ\!\!-\!\!\bullet$ immer dazu sagen (oder dem Zusammenhang entnehmen), um welche Art von Transformation es sich handelt.

Kehren wir nochmals zu den erzeugenden Funktionen zurück. Seien $a = (a_0, a_1, a_2, \ldots)$ und $b = (b_0, b_1, b_2, \ldots)$ zwei Folgen mit zugehörigen erzeugenden Funktionen $A(z)$ und $B(z)$, also

$$\begin{aligned}(a_n)_{n\geq 0} &\circ\!\!-\!\!\bullet A(z)\\ (b_n)_{n\geq 0} &\circ\!\!-\!\!\bullet B(z)\end{aligned}$$

[15] Nach Jean Baptiste Joseph Fourier (1768–1830) und Pierre Simon Marquis de Laplace (1749–1827). Die Z-Transformation unterscheidet sich von der erzeugenden Funktion lediglich dadurch, dass z durch z^{-1} ersetzt wird.

[16] Signalverarbeitung, Regelungstechnik, digitale Filter, Stabilitätsuntersuchungen, Lösen von Differenzial- oder Differenzengleichungen, rückgekoppelte Schieberegister, lineare zeitinvariante (LTI) Systeme, Codierung und Fehlerkorrektur, Bild- und Sprachverarbeitung, Datenkompression wie bei mp3 oder jpg.

Dann gelten folgende „Rechenregeln”:

$$\begin{aligned}
(a_n + b_n)_{n\geq 0} &\quad \circ\!\!-\!\!\bullet \quad A(z) + B(z) \\
(c^n \cdot a_n)_{n\geq 0} &\quad \circ\!\!-\!\!\bullet \quad A(c \cdot z) \\
(a_{n-1})_{n\geq 0} &\quad \circ\!\!-\!\!\bullet \quad z \cdot A(z) \\
(n \cdot a_n)_{n\geq 0} &\quad \circ\!\!-\!\!\bullet \quad z \cdot A'(z) \\
(\textstyle\sum_{k=0}^{n} a_k b_{n-k})_{n\geq 0} &\quad \circ\!\!-\!\!\bullet \quad A(z) \cdot B(z) \\
(\textstyle\sum_{k=0}^{n} a_k)_{n\geq 0} &\quad \circ\!\!-\!\!\bullet \quad \tfrac{1}{1-z} \cdot A(z)
\end{aligned}$$

Durch Verwenden dieser Rechenregeln erweisen sich die erzeugenden Funktionen (oder entsprechend auch die anderen erwähnten Funktionaltransformationen) als äußerst nützliches beweistechnisches Werkzeug, um beispielsweise Rekursionsgleichungen oder Differenzialgleichungen zu lösen. Obwohl Originalfunktion und transformierte Funktion im Prinzip zueinander äquivalent (ineinander umformbar) sind, lassen sich bestimmte Eigenschaften, die in der Originalfunktion „versteckt“ sind, in der transformierten Version oft viel besser erkennen bzw. berechnen.

Das folgende Schema fasst die Situation zusammen, wie sie für den Einsatz von Transformationen typisch ist. Gegeben ist eine Funktion $f(x)$ im Originalbereich, die in irgendeiner Weise zu analysieren, zu lösen oder zu berechnen ist. Diese Berechnung im Originalbereich durchzuführen erweist sich als schwierig oder unmöglich. Daher wird die Funktion transformiert zu $F(z)$ und die Berechnung im Bildbereich durchgeführt, was unter Umständen – unter Verwendung der obigen Rechenregeln – wesentlich leichter geht. Das Ergebnis $G(z)$ im Bildbereich muss nun noch zurücktransformiert werden.

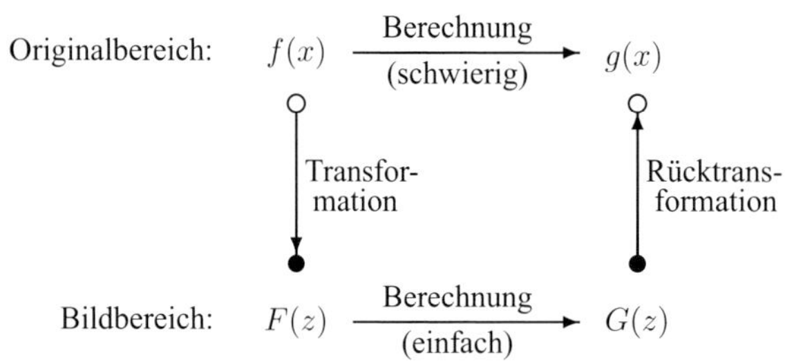

Betrachten wir nochmals die Fibonacci-Folge, die wir schon mehrfach als Beispiel herangezogen haben: $(0, 1, 1, 2, 3, 5, 8, \ldots)$. Die Indizierung beginnt diesmal bei 0, also $a_0 = 0, a_1 = 1$ und $a_n = a_{n-1} + a_{n-2}$ für $n \geq 2$. Wir wollen die erzeugende Funktion bestimmen. Gesucht ist also eine Funktion $F(z)$, so dass $(0, 1, 1, 2, 3, 5, 8, \ldots) \circ\!\!-\!\!\bullet\, F(z)$.

Man sieht, dass ein Nach-rechts-Schieben der Folge eine Multiplikation mit z bei der transformierten Funktion bedeutet (dies ist die dritte „Rechenregel" von oben). Also können wir die rekursive Definition der Fibonacci-Folge folgendermaßen im Bildbereich widerspiegeln:

$$\begin{array}{rlcl} & (0,0,1,1,2,3,5,\ldots) & \circ\!\!-\!\!\bullet & z\cdot F(z) \\ + & (0,0,0,1,1,2,3,\ldots) & \circ\!\!-\!\!\bullet & z^2\cdot F(z) \\ + & (0,1,0,0,0,0,0,\ldots) & \circ\!\!-\!\!\bullet & z \\ \hline = & (0,1,1,2,3,5,8,\ldots) & \circ\!\!-\!\!\bullet & F(z) \end{array}$$

Dies ergibt die Gleichung $z\cdot F(z)+z^2\cdot F(z)+z = F(z)$, die die Lösung $F(z) = \frac{z}{1-z-z^2}$ besitzt. Dies können wir mittels Partialbruchzerlegung wie folgt umschreiben:

$$F(z) = \frac{z}{1-z-z^2} = \frac{A}{1-\alpha\cdot z} - \frac{B}{1-\beta\cdot z} = A\cdot\Big(\frac{1}{1-\alpha\cdot z}\Big) - B\cdot\Big(\frac{1}{1-\beta\cdot z}\Big)$$

wobei

$$\alpha = \frac{1+\sqrt{5}}{2} \qquad \beta = \frac{1-\sqrt{5}}{2} \qquad A = B = \frac{1}{\sqrt{5}}$$

Mit Hilfe der oben beobachteten Korrespondenz $(c^n)_{n=0,1,2,\ldots} \circ\!\!-\!\!\bullet \frac{1}{1-cz}$ ergibt diese Darstellung eine explizite Formel für die Fibonacci-Folge, die von de Moivre[17] 1730 bewiesen wurde.

$$a_n = A\cdot\alpha^n - B\cdot\beta^n = \frac{1}{\sqrt{5}}\cdot\left(\Big(\frac{1+\sqrt{5}}{2}\Big)^n - \Big(\frac{1-\sqrt{5}}{2}\Big)^n\right)$$

Man sieht, dass die Partialbruchzerlegung hier ein wichtiges Beweishilfsmittel darstellt, um die verschiedenen funktionalen Anteile (hier: der Fibonacci-Funktion) zu identifizieren bzw. zu isolieren.

Von einem ingenieurmäßigen Standpunkt aus kann man die Definition der Fibonacci-Folge als ein lineares, rückgekoppeltes System (Schieberegister) verstehen, bei dem es zwei Verzögerungs- oder Speicherelemente gibt, die jeweils den letzten und vorletzen Wert der Folge speichern. Durch Bilden der Summe dieser Werte kann dann im nächsten Zeittakt der neue Wert gebildet werden. Angesichts dieser Interpretation versteht man, dass die Transformationsmethode mittels erzeugender Funktionen (bzw. die Z-Transformation) in diesem Forschungs- und Anwendungsfeld eine wichtige Rolle spielt.

[17] Abraham de Moivre (1667–1754), französischer Mathematiker.

Analog kann diese Transformationsmethode als Werkzeug eingesetzt werden, um Programme mit Schleifen zu analysieren und zu verifizieren. Beispielsweise berechnet folgendes Schleifen-Programm die Fibonacci-Folge:

```
a := 0
b := 1
While a ≤ n Do
   a := a + b
   b := a − b
```

Die Folge der Zahlenwerte, die die Programmvariablen a und b durchlaufen, können durch Rekursionsgleichungen beschrieben und zu erzeugenden Funktionen transformiert werden und, ähnlich wie oben, in eine explizite Form umgerechnet werden.

Eine weitere Art der Transformation, angewandt auf natürliche Zahlen, ist die Folgende. Mit $[n]$ bezeichnen wir die Menge $\{0, 1, \ldots, n-1\}$. Seien $n_1, n_2, \ldots, n_k$ teilerfremde natürliche Zahlen (z.B. paarweise verschiedene Primzahlen). Sei $n = \prod_{i=1}^{k} n_i$ und $x \in [n]$. Indem wir x durch die Zahlen $n_1, n_2, \ldots, n_k$ teilen und die erhaltenen Reste $y_1, y_2, \ldots, y_n$ notieren, erhalten wir eine transformierte Darstellung von x.

$$x \in [n] \circ\!\!-\!\!\!-\!\!\bullet \; (y_1, y_2, \ldots, y_k) \in [n_1] \times [n_2] \times \cdots \times [n_k]$$

wobei $y_i = (x \bmod n_i)$ für $i = 1, 2, \ldots, k$. Hierbei bezeichnet „$(x \bmod n_i)$" den Divisionsrest bei der Division von x durch n_i. Tatsächlich kann man x aus $(y_1, y_2, \ldots, y_k)$ wieder eindeutig rekonstruieren; dies ist die Aussage des **chinesischen Restsatzes**. (Ungewöhnlich ist es, hier auch das Hantel-Symbol zu verwenden, aber wir halten dies für gerechtfertigt.)

Man kann mit Hilfe dieser Transformation einige Eigenschaften von natürlichen Zahlen aufdecken und beweisen. Ein Beispiel: Modulo einer Primzahl p hat die Zahl 1 genau zwei Quadratwurzeln, nämlich die 1 und die -1 (welche der Zahl $p-1$ entspricht). Wenn wir nun modulo n rechnen und $n = \prod_{i=1}^{k} n_i$ wobei die n_i paarweise verschiedene Primzahlen sind, so sieht man, dass die Zahl 1 modulo n betrachtet genau 2^k verschiedene Quadratwurzeln besitzt. Diese ergeben sich durch Rücktransformation der 2^k vielen k-Tupel $(\pm 1, \pm 1, \ldots, \pm 1)$.

4.11 Indikator-Zufallsvariablen

Bei manchen Beweisen muss der Erwartungswert einer Zufallsvariablen X berechnet werden. Zum Beispiel könnte $X = X(n)$ die Laufzeit eines Algorithmus bei zufällig gewählter Eingabe der Länge n sein. Die Verteilung der Zufallsvariablen X könnte so komplex sein, dass das Berechnen des Erwartungswerts, direkt gemäß Definition, also $E(X) = \sum_x x \cdot P(X = x)$, schwerfällt. Der beweistechnische Trick besteht darin, die Zufallsvariable X als Summe vieler Indikator-Zufallsvariablen aufzufassen, also $X = \sum_{i=1}^n X_i$, wobei $X_i \in \{0, 1\}$. Für solche Indikator-Zufallsvariablen X_i gilt:

$$E(X_i) = 1 \cdot P(X_i = 1) + 0 \cdot P(X_i = 0) = P(X_i = 1)$$

Mit der Linearität des Erwartungswertoperators ergibt sich dann:

$$E(X) = E\Big(\sum_{i=1}^n X_i\Big) = \sum_{i=1}^n E(X_i) = \sum_{i=1}^n P(X_i = 1)$$

Beispiel: Im Abschnitt über Wahrscheinlichkeit wurde die Binomialverteilung erwähnt, bei der zugrunde liegt, dass man ein Zufallsexperiment n-mal wiederholt, und die (binomialverteilte) Zufallsvariable X hierbei die Anzahl der aufgetretenen Erfolge angibt. Bei einem einzelnen Experiment tritt Erfolg mit Wahrscheinlichkeit p ein. Den betreffenden Erwartungswert direkt nach Definition zu berechnen, also

$$E(X) = \sum_{k=0}^n k \cdot \binom{n}{k} \cdot p^k \cdot (1-p)^{n-k}$$

ist zwar möglich, aber einfacher ist es, nach der oben beschriebenen Strategie vorzugehen. Sei also $X = \sum_{k=1}^n X_k$ wobei

$$X_k = \begin{cases} 1, & \text{Erfolg beim } k\text{-ten Versuch} \\ 0, & \text{sonst} \end{cases}$$

Dann gilt $P(X_k = 1) = p$, also $E(X) = \sum_{k=1}^n p = n \cdot p$.

Ein weiteres Beispiel: Sei $n \in \mathbb{N}$ beliebig. Wir wählen per Zufall eine Permutation $\pi \in S_n$ (wobei S_n die Menge aller Permutationen auf n Elementen ist). Die Frage lautet: Wie groß ist die erwartete Anzahl Fixpunkte von π, also wie viele $k \leq n$ gibt es mit $\pi(k) = k$? Sei X die betreffende Zufallsvariable, die die Anzahl der Fixpunkte angibt. Gesucht ist also $E(X)$. Ohne sich über die (vermutlich komplexe) Verteilung von

X Gedanken machen zu müssen, gehen wir nach dem beschriebenen Trick vor. Sei also wieder $X = \sum_{k=1}^{n} X_k$ wobei

$$X_k = \begin{cases} 1, & \pi(k) = k \\ 0, & \text{sonst} \end{cases}$$

Dann gilt, indem man die Anzahl günstiger Fälle durch die Anzahl aller Fälle teilt:

$$P(X_k = 1) = P(\pi(k) = k) = \frac{|\{\pi \in S_n \mid \pi(k) = k\}|}{|S_n|} = \frac{(n-1)!}{n!} = \frac{1}{n}$$

also haben wir $E(X) = \sum_{k=1}^{n} \frac{1}{n} = 1$. Man beachte, dass dieser Erwartungswert nicht von n abhängt.

Beim **Geburtstagsparadoxon** geht es um die Frage, wie viele (zufällig ausgewählte) Personen zusammenkommen müssen, bis es „wahrscheinlich" wird, dass hiervon zwei am gleichen Tag im Jahr Geburtstag haben. Analog können wir uns fragen, wie viele Elemente wir in eine Hashtabelle zufällig einspeichern können, bis es „wahrscheinlich" zu einer ersten Kollision kommt. Wir nehmen hierbei an, dass das Jahr m Tage hat (bzw. dass die Hashtabelle m Einträge hat), und dass alle m Werte gleichverteilt vorkommen. Wir nehmen ferner an, dass wir es mit n Personen zu tun haben (bzw. dass wir n Daten in die Hashtabelle einspeichern). Sei nun $X = X(m, n)$ eine Zufallsvariable, die die Anzahl der insgesamt vorkommenden Kollisionen zählt. Wir interpretieren das Wort „wahrscheinlich" von oben so, dass wir denjenigen Zusammenhang zwischen m und n suchen, bei dem $E(X) = 1$ gilt[18]. Wieder fassen wir X als Summe von Indikator-Zufallsvariablen auf,

$$X = \sum_{i=1}^{n-1} \sum_{j=i+1}^{n} X_{i,j}$$

wobei $X_{i,j}$ genau dann den Wert 1 erhält, wenn Person i am selben Tag Geburtstag hat wie Person j. Offensichtlich ist (für $i \neq j$) $P(X_{i,j} = 1) = \frac{1}{m}$. Damit ergibt sich:

$$E(X) = \sum_{i=1}^{n-1} \sum_{j=i+1}^{n} \frac{1}{m} = \binom{n}{2} \cdot \frac{1}{m} = \frac{n \cdot (n-1)}{2m}$$

Setzt man $E(X) = 1$, so ergibt sich die quadratische Gleichung $2m = n^2 - n$, die die Lösung $n = \frac{1}{2} + \sqrt{\frac{1}{4} + 2m}$ besitzt. Bei $m = 365$ ergibt dies $n \approx 27.5$. (Man

[18] Eine andere mögliche Interpretation wäre, nach demjenigen Zusammenhang zwischen m und n zu suchen, bei dem $P(Kollision) = 1/2$ gilt.

spricht hier deshalb von einem „Paradoxon“, da diese Zahl auf den ersten Blick sehr klein erscheint.)

Ein Beispiel aus der Informatik ist die Laufzeitanalyse von **Quicksort**. Dieser Algorithmus wurde bereits im Abschnitt über Korrektheitsbeweise beschrieben. Ferner wurde im Abschnitt über informationstheoretische Argumente bereits gezeigt, dass jeder Sortieralgorithmus (also auch Quicksort) für das Sortieren von n Elementen mindestens $n \log_2(n) - 2n$ Vergleiche benötigt. Es sind also n verschiedene Arrayelemente zu sortieren, welche in einer zufälligen Reihenfolge angeordnet sind. Es sei X eine Zufallsvariable, die die Anzahl der von Quicksort durchzuführenden Vergleiche je zweier Arrayelemente zählt. Zu bestimmen ist also $E(X)$. Die korrekt sortierten Elemente seien $s_1 < s_2 < \ldots < s_n$. Wir setzen

$$X = \sum_{i=1}^{n-1} \sum_{j=i+1}^{n} X_{i,j}$$

wobei

$$X_{i,j} = \begin{cases} 1, & s_i \text{ und } s_j \text{ werden miteinander verglichen} \\ 0, & \text{sonst} \end{cases}$$

Aus der Definition von Quicksort ergibt sich: Wenn zwei Arrayelemente einmal miteinander verglichen wurden, dann findet im weiteren Verlauf von Quicksort kein zweiter Vergleich zwischen diesen Elementen mehr statt (dies deshalb, weil eines der beiden Elemente das Pivotelement gewesen sein muss). Das heißt, die Elemente s_i und s_j können tatsächlich nur 0-mal oder 1-mal miteinander verglichen werden.

Ob die Elemente s_i und s_j miteinander verglichen werden, hängt bei Quicksort davon ab, in welcher Anordnung sich die Elemente $s_i, s_{i+1}, \ldots, s_{j-1}, s_j$ im ursprünglichen zu sortierenden Array befinden.

Die Elemente s_i und s_j werden nur miteinander verglichen, wenn eines der beiden Elemente innerhalb eines rekursiven Aufrufs von Quicksort zum Pivotelement wird. Dies passiert in 2 von $j - i + 1 = |\{s_i, s_{i+1}, \ldots, s_{j-1}, s_j\}|$ möglichen Fällen, nämlich dann, wenn sich s_i oder wenn sich s_j in der Anordnung dieser Elemente an erster Position befindet. Daher ist (für $i < j$) $P(X_{i,j} = 1) = \frac{2}{j-i+1}$. Damit ergibt sich insgesamt

$$E(X) = \sum_{i=1}^{n-1} \sum_{j=i+1}^{n} \frac{2}{j-i+1} \leq \sum_{i=1}^{n-1} 2(H_n - 1) \leq 2n(H_n - 1)$$

Hierbei ist $H_n = \sum_{i=1}^{n} \frac{1}{i}$ die so genannte harmonische Reihe. Man kann $H_n - 1$ nach oben mit $\ln(n)$ abschätzen. Daher ist die erwartete Anzahl von Vergleichen von Quicksort bei einer zufällig sortierten Eingabe nicht größer als $2n\ln(n) \leq 1.39\, n \log_2(n)$.

4.12 Probabilistische Existenzbeweise

Die Beweistechnik dieses Abschnitts werden Studierende kaum vor ihrem Haupt- oder Masterstudium antreffen. Es geht darum, die Existenz eines kombinatorischen Objekts, zum Beispiel eines Graphen, nachzuweisen, wobei dieser Graph gewisse extreme Verbindungseigenschaften aufweisen soll. Die Problematik fällt in die so genannte Extremale Kombinatorik oder Extremale Graphentheorie. Nun benötigen wir ein wenig elementare Wahrscheinlichkeitsrechnung. Die Beweismethode besteht darin, einen Graphen (oder ein anderes endliches mathematisches Objekt) *zufällig* zu generieren und dann nachzuweisen, dass bei diesem Zufallsprozess ein Objekt mit den erwünschten Eigenschaften mit Wahrscheinlichkeit echt größer als 0 entstehen wird. Also *existieren* solche Objekte. Diese Methode nennt man auch eine **probabilistische Konstruktion**. Diese Beweismethode ist nicht-konstruktiv wie im Abschnitt „effizient und effektiv“ diskutiert. Allerdings können probabilistische Konstruktionen oft zu einem stochastischen Algorithmus ausgeweitet werden, der das gesuchte Objekt zumindest mit hoher Wahrscheinlichkeit findet.

In vielen Fällen konnte mit der probabilistischen Methode überhaupt zum ersten Mal die Existenz des gesuchten Objekts nachgewiesen werden. Die Methode wurde vor allem von Erdős[19] populär gemacht und systematisch verwendet. (Aber auch schon Shannon verwendet diese Methode in seinem Kanalcodiertheorem.)

Wir betrachten beispielsweise eine Boole'sche Formel (vgl. Abschnitt über logische Operationen und den Abschnitt über NP-Vollständigkeit) in k-konjunktiver Normalform. Das soll heißen, dass die Formel die Bauart hat

$$F = K_1 \wedge K_2 \wedge \cdots \wedge K_m$$

wobei jede Teilformel K_j eine Disjunktion von Variablen oder negierten Variablen ist:

$$K_j = (y_{j,1} \vee y_{j,2} \vee \cdots \vee y_{j,k}) \quad \text{wobei} \quad y_{\mu,\nu} \in \{x_1, \ldots, x_n\} \cup \{\overline{x_1}, \ldots, \overline{x_n}\}$$

[19] Paul Erdős (1913–1996), berühmter ungarischer Mathematiker.

Jede dieser so genannten **Klauseln** enthält genau k Variablen (positiv oder negativ). Wir wollen beweisen, dass jede derartige Formel mit weniger als 2^k Klauseln (also $m < 2^k$) erfüllbar sein muss. Wählt man eine Belegung der Variablen zufällig, so wird eine einzelne Klausel K_j mit Wahrscheinlichkeit 2^{-k} nicht erfüllt. Die erwartete Anzahl X der unerfüllten Klauseln beträgt demnach (mit der Methode der Indikator-Zufallsvariablen) $\sum_{j=1}^{m} 2^{-k} = m2^{-k} < 1$. Da die Zufallsvariable X nur die ganzzahligen Werte $0, 1, 2, \ldots$ annehmen kann, folgt aus $E(X) < 1$, dass $P(X = 0) > 0$. Also muss eine Belegung *existieren*, die alle Klauseln, und damit die Formel F, erfüllt.

Wir betrachten nun ein Beispiel aus der Graphentheorie: Ein **Graph** wird üblicherweise als algebraische Struktur $G = (V, E)$ notiert, wobei V eine endliche Menge von **Knoten** und $E \subseteq \binom{V}{2}$ eine Menge von **Kanten** ist. Wir wollen einen Graphen einen n-**Expander** nennen, wenn $|V| = n$ und jede Teilmenge $A \subseteq V$ mit $\frac{n}{3}$ Elementen, also $A \in \binom{V}{n/3}$, (der Einfachheit halber nehmen wir an, dass n durch 3 teilbar sei) mehr als $\frac{n}{3}$ viele Nachbarn *außerhalb* von A besitzt. Formulieren wir dies etwas formaler. Zunächst die Nachbarschaft von A:

$$N(A) = \{x \in V \mid \exists y \in A : \{x, y\} \in E\}$$

Ein n-Expander besitzt also folgende Eigenschaft:

$$|V| = n \ \wedge \ \forall A \in \binom{V}{n/3} : |N(A) \setminus A| > \frac{n}{3}$$

Wenn wir einen Graphen mit genügend vielen Kanten wählen, etwa den vollständigen Graphen, der alle Kanten enthält, also $E = \binom{V}{2}$, so ist es klar, dass wir einen Expander erhalten. (In diesem Falle ist $|N(A) \setminus A| = \frac{2}{3}n$.) Wesentlich schwieriger ist die Frage zu beantworten, ob es unter den Graphen mit einer linearen Anzahl von Kanten, also $|E| \leq c \cdot n$ für ein c, auch n-Expander gibt. Mit einer probabilistischen Konstruktion lässt sich dies beantworten.

Dazu betrachten wir folgendes Zufallsexperiment. Für jede der potenziellen Kanten in $\binom{V}{2}$ wird durch ein unabhängiges Zufallsexperiment, das mit Wahrscheinlichkeit p positiv ausgeht, bestimmt, ob die betreffende Kante in dem Graphen enthalten sein soll. Ein ganz bestimmter Graph G mit n Knoten und m Kanten entsteht bei diesem Zufallsexperiment also mit Wahrscheinlichkeit $p^m \cdot (1 - p)^{\binom{n}{2} - m}$.

Wenn wir für das Folgende $p = \frac{\alpha}{n}$ festsetzen (für eine Konstante α, die wir später bestimmen), so wird ein solcher Zufallsgraph im Erwartungswert

$$p \cdot \left|\binom{V}{2}\right| = \frac{\alpha}{n} \cdot \binom{n}{2} \leq \frac{\alpha}{2} \cdot n$$

also linear in n viele Kanten erhalten. Schätzen wir nun die Wahrscheinlichkeit, dass der Zufallsgraph *kein* Expandergraph ist, nach oben ab:

$$\begin{aligned}
&P(\,G \text{ ist kein Expander}\,)\\
&= P\Big(\,\exists A \in \tbinom{V}{n/3}\ \exists B \in \tbinom{V}{n/3}\ :\ N(A) \subseteq A \cup B\Big)\\
&\leq \sum_{A \in \binom{V}{n/3}} \sum_{B \in \binom{V}{n/3}} P(\,N(A) \subseteq A \cup B\,)\\
&= \sum_{A \in \binom{V}{n/3}} \sum_{B \in \binom{V}{n/3}} P(\,\text{keine Kante zwischen } A \text{ und } V \setminus (A \cup B)\,)\\
&\leq \tbinom{n}{n/3} \cdot \tbinom{n}{n/3} \cdot (1-p)^{(\frac{n}{3})^2}\\
&\leq 2^n \cdot 2^n \cdot e^{-p \cdot (\frac{n}{3})^2}\\
&= 4^n \cdot e^{-\alpha n/9}
\end{aligned}$$

Indem man $\alpha = 14$ festsetzt, sieht man, dass dieser letzte Ausdruck für $n \to \infty$ gegen 0 strebt; insbesondere ist $4^n \cdot e^{-14n/9} < 1$ für alle $n \in \mathbb{N}$. Damit ist gezeigt, dass es für jedes n einen n-Expander mit linearer Kantenzahl (nämlich $|E| \leq 7 \cdot n$) gibt.

Betrachten wir als weiteres Beispiel eine Menge von 2^m vielen zufällig gewählten Wörtern $x_1, x_2, \ldots, x_{2^m} \in \{0,1\}^n$, wobei $n \geq m$, die wir in diesem Zusammenhang **Codewörter** nennen wollen. Um eine von 2^m möglichen „Nachrichten" zu übertragen, verwenden wir ein entsprechendes Codewort x_i. Da n im Allgemeinen größer ist als m, „verschenken" wir dabei einige bits an Information. Man nennt den Quotienten $r := m/n$ die **Übertragungsrate**, die **Informationsrate**, oder kurz: die **Rate**, und $n - m$ die der Nachricht hinzugefügte **Redundanz**. Bei der Nachrichtenübertragung können aber Bits gelegentlich verfälscht werden; eine gesendete 0 kann als 1 ankommen, und umgekehrt. Wir nehmen an, dass derartige Bitfehler (pro Bit) mit Wahrscheinlichkeit $p < 1/2$ auftreten. (Dies ist das Modell des so genannten **binären symmetrischen Kanals**, abgekürzt BSC.)

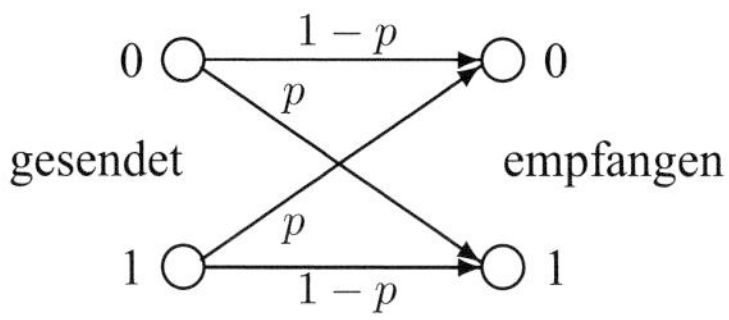

Gerade dadurch, dass Redundanz hinzugefügt wurde, können diese Fehler auf der Empfängerseite ggf. wieder korrigiert werden. Angenommen, es wurde $y \in \{0,1\}^n$ empfangen. Dasjenige Codewort x_i mit der kleinsten **Hamming-Distanz**[20] $d(x_i, y)$, wobei dieses x_i eindeutig sein sollte, wird vermutlich das ursprünglich gesendete Codewort gewesen sein. Hierbei ist die Hamming-Distanz $d(x, y)$ die Anzahl der Bits, in denen sich x und y unterscheiden. Nehmen wir an, y stammt von dem Codewort x_j, wurde aber auf dem Kanal verfälscht. Ein Übertragungsfehler, der nicht korrekt korrigiert werden kann (ein so genannter **Decodierfehler**), liegt dann vor, wenn für ein Codewort $x_i \neq x_j$ gilt $d(x_i, y) < d(x_j, y)$, ansonsten kann y wieder dem korrekten Codewort x_j zugeordnet werden. Wir wollen nun zeigen, dass bei einer zufällig gewählten Menge von Codewörtern, bei entsprechender Wahl der beteiligten Parameter, und sofern gewisse Grundvoraussetzungen erfüllt sind, die Decodierfehlerwahrscheinlichkeit beliebig klein gehalten werden kann. Mit anderen Worten, die Existenz eines solchen „guten“ Codes wird mit Hilfe einer probabilistischen Konstruktion nachgewiesen (wobei hier aber das schwierige Problem ausgeklammert bleibt, das betreffende Codewort x_j algorithmisch zu bestimmen).

Sei $p < 1/2$ die Bitfehlerwahrscheinlichkeit des Kanals. Wir schätzen die Decodierfehlerwahrscheinlichkeit nach oben ab, wobei hier zwei Zufallsprozesse eine Rolle spielen; zum einen die zufällige Wahl der Codewörter, zum anderen die Übertragungsfehler bei gesendetem Codewort x_j. Diese Anzahl Bitfehler, die im Kanal entstehen, modellieren wir durch eine Zufallsvariable X, die (n, p)-binomialverteilt ist (diese hat den Erwartungswert np). Wenn wir ferner zu empfangenem Wort y und zufälligem Codewort x_i deren Hamming-Distanz als Zufallsvariable Y betrachten, so ist Y $(n, \frac{1}{2})$-binomialverteilt (denn jedes Bit von x_i kann mit Wahrscheinlichkeit $1/2$ mit dem betreffenden Bit von y übereinstimmen bzw. nicht übereinstimmen). Die Zufallsvariable Y hat den Erwartungs-

[20] Nach Richard Wesley Hamming (1915–1998).

wert $n/2$. Für die Decodierfehlerwahrscheinlichkeit erhalten wir also:

$$\begin{aligned} P(\exists x_i \neq x_j : d(x_i,y) \leq d(x_j,y)) &\leq \sum_{x_i} P(d(x_i,y) \leq d(x_j,y)) \\ &\leq 2^m \cdot P(Y \leq X) \\ &\leq 2^m \cdot \Big(P(Y \leq \alpha n) + P(X \geq \alpha n)\Big) \end{aligned}$$

Hierbei ist α eine Konstante, die beliebig zwischen p und $1/2$ gewählt werden kann. Am besten wählt man α so, dass beide Wahrscheinlichkeiten in der letzten Zeile in etwa gleich groß werden. Sowohl die Abschätzung $P(Y \leq \alpha n)$ als auch $P(X \geq \alpha n)$ sind von der Art, dass die Wahrscheinlichkeit gesucht wird, dass eine binomialverteilte Zufallsvariable um einen festen Betrag von ihrem Erwartungswert (nach unten oder nach oben) abweicht („tail estimation"). Diese Wahrscheinlichkeiten können mit der so genannten Chernoff-Ungleichung abgeschätzt werden. Man erhält am Ende eine Bedingung für die Existenz eines passenden Codes, die die Form $2^m \cdot \frac{2^{H(p,1-p)n}}{2^n} \to 0$ (für $n \to \infty$) hat, woraus sich die Vorbedingung $\frac{m}{n} < 1 - H(p, 1-p)$ ergibt. In Worten: die Übertragungsrate $r = \frac{m}{n}$ muss kleiner sein als die so genannte **Kanalkapazität** $1 - H(p, 1-p)$. Hierbei ist H die Shannon'sche Entropiefunktion (vgl. den Abschnitt über informationstheoretische Argumente).

Dies war eine Skizze des Beweises von Shannons Kanalcodiertheorem.

4.13 NP-Vollständigkeitsbeweise und Unentscheidbarkeitsbeweise mittels Reduktion

Die Methode der **Reduktion** (auch **Transformation** genannt) sollte ein Informatiker nach ein paar Semestern kennen gelernt haben (und anwenden können). Es geht darum, für ein vorgelegtes algorithmisches Problem den Nachweis zu führen, dass dieses NP-vollständig ist. Hierzu nimmt man sich ein bekanntes, bereits als NP-vollständig nachgewiesenes Problem her, und zeigt, dass sich dieses Problem auf das gegebene Problem reduzieren lässt. Das heißt inhaltlich, dass zu zeigen ist, dass sich das bekannte schwierige Problem als Spezialfall des gegebenen Problems einbetten lässt. Deshalb muss das gegebene Problem „mindestens so schwierig" sein wie das bekannte. In den allermeisten Fällen nimmt man für einen solchen NP-Vollständigkeitsnachweis das bekannte NP-vollständige Problem SAT, oder dessen eingeschränkte, aber nach wie vor NP-vollständige Variante KNF-SAT oder 3-KNF-SAT (kurz: 3-SAT).

Was wir hier über NP-Vollständigkeit sagen, gilt sinngemäß auch für Unentscheidbarkeitsbeweise, nur dass man als Ausgangspunkt ein bekanntes unentscheidbares Problem hernimmt, wie das Halteproblem[21] (vgl. den Abschnitt über den indirekten Beweis).

Das Problem SAT besteht darin, zu einer gegebenen Boole'schen Formel F (vgl. den Abschnitt über logische Operatoren) festzustellen, ob diese Formel erfüllbar ist oder nicht. Erfüllbarkeit bedeutet, dass es eine Möglichkeit gibt, für die vorkommenden Variablen Wahrheitswerte einzusetzen, so dass die Formel F den Wahrheitswert **1** erhält. Beispielsweise ist

$$F = (x \lor y) \land (\neg x \lor \neg y) \land (x \lor \neg y)$$

erfüllbar, indem man die Belegung $x \mapsto \mathbf{1}$, $y \mapsto \mathbf{0}$ einsetzt. Dagegen ist folgende Formel G nicht erfüllbar:

$$G = (x \lor y) \land (\neg x \lor \neg y) \land (x \lor \neg y) \land (\neg x \lor y)$$

Bei einer Formel mit n Boole'schen Variablen müsste man, wenn man die gesamte Wahrheitstafel konstruiert und inspiziert, 2^n Funktionswerte überprüfen, bis man ggf. mindestens eine **1** (bei Erfüllbarkeit) oder ausschließlich **0** gefunden hat (bei Unerfüllbarkeit). Dass diese Wahrheitstafel-Methode im Allgemeinen exponentiell viele Schritte bis zur Beantwortung der Erfüllbarkeitsfrage benötigt, ist natürlich noch kein Beweis dafür, dass *jede beliebige* Methode exponentiell viele Schritte benötigt (ein solcher Nachweis wäre gleichwertig mit P $\neq$ NP und würde die bislang ungelöste Cook'sche Hypothese beweisen). Was man bei einem NP-Vollständigkeitsbeweis[22] lediglich zeigt, ist, dass das fragliche Problem A *mindestens so schwierig* ist wie SAT. Hierzu muss man eine effizient (in polynomialer Zeit) berechenbare Funktion g angeben, die Eingaben für das Problem SAT (also Boole'sche Formeln F) übersetzt in Eingaben für das fragliche Problem A (seien dies Graphen, Gleichungen, Zahlen, je nach gegebener Aufgabenstellung A), so dass für alle Boole'schen Formeln F gilt:

F ist erfüllbar **gdw.** $g(F)$ ist lösbar im Sinne der Problemstellung A

oder kurz, wenn man SAT bzw. A als Mengen auffasst:

$$F \in \text{SAT} \Leftrightarrow g(F) \in A$$

[21] Oder das Post'sche Korrespondenzproblem oder das 10. Hilbert'sche Problem.

[22] Genauer gesagt: beim Nachweis der NP-Schwierigkeit.

Hieraus ergibt sich: Wenn es einen effizienten Algorithmus für A gibt, dann kann man damit auch effizient SAT lösen, indem man die Formel F zunächst mittels g übersetzt in eine Eingabe $g(F)$ für die Problemstellung A (hier benötigen wir, dass g effizient berechenbar sein muss), und dann A effizient löst. In der Kontraposition gelesen heißt dies, wenn es keinen effizienten Algorithmus für SAT geben sollte (was allgemein angenommen wird und was mit der Aussage P $\neq$ NP äquivalent ist), dann gibt es auch keinen effizienten Algorithmus für A.

Es ist meist die Richtung von rechts nach links (also $g(F) \in A \Rightarrow F \in \text{SAT}$) bei obiger Äquivalenzaussage, die bei diesen Beweisen schwieriger nachzuweisen ist; vor allem muss natürlich zunächst einmal eine geeignete Funktion g gefunden werden. Hierzu muss man sich überlegen, welche Objekte bei der Problemstellung A die Rolle der Variablen und welche die Rolle der Klauseln übernehmen sollen.

Wir zeigen dies nun an einem Beispiel. Hierzu sei das Ausgangsproblem 3-SAT. Das bedeutet, dass vorausgesetzt werden darf, dass die Formel, für die das SAT-Problem, zu lösen ist, bereits in konjunktiver Normalform mit jeweils 3 Variablen pro Klausel vorliegt. Mit anderen Worten, die betreffenden Boole'schen Formeln haben folgende Form wie bei diesem Beispiel:

$$F = (x \vee \neg y \vee u) \wedge (y \vee z \vee \neg u) \wedge (\neg x \vee \neg z \vee \neg u)$$

Jeder der Klammerausdrücke wird üblicherweise **Klausel** genannt.

Das fragliche Problem, von dem hier die NP-Vollständigkeit (bzw. NP-Schwierigkeit) nachgewiesen werden soll, ist das **ganzzahlige Programmierungsproblem**, kurz GP. Die Eingabe besteht hierbei aus einer ganzzahligen $m \times n$ Matrix A und einem Spaltenvektor, also einer $m \times 1$ Matrix b. Die Frage, die beantwortet werden soll, ist, ob es einen ganzzahligen Spaltenvektor (eine $n \times 1$ Matrix) x gibt, so dass $A \cdot x \geq b$. Mit anderen Worten, es ist ein System von linearen Ungleichungen gegeben mit ganzzahligen Linearfaktoren, und es ist ein Lösungsvektor gesucht, der ebenfalls ganzzahlig sein soll. Eine erste Inspektion des Zusammenpassens der zwei Problemstellungen SAT bzw. 3-SAT und GP legt folgende Korrespondenzen nahe:[23]

Boole'sche Variable	$\leftrightsquigarrow$	ganzzahlige Variable
Klausel	$\leftrightsquigarrow$	eine oder ggf. mehrere Ungleichungen

[23] Wir verwenden hier extra das Symbol $\leftrightsquigarrow$ für diese nur intuitiv gemeinte Korrespondenz, weil es nicht durch andere Definitionen inhaltlich vorbelastet ist.

Ein Problem ergibt sich hierbei darin, dass die Boole'schen Variablen nur die Werte 0 und 1 annehmen dürfen, während die Variablen des GP beliebige ganze Zahlen als Werte annehmen können. Dieses Problem kann aber schnell dadurch gelöst werden, dass wir für jede Variable x die Ungleichungen $x \geq 0$ und $-x \geq -1$ aufstellen bzw. hinzufügen.

In den Klauseln können die Boole'schen Variablen positiv oder negativ auftreten. Im Abschnitt über logische Operatoren hatten wir bereits diskutiert, dass man die Negationsoperation durch die arithmetische Formel $1 - x$ nachempfinden kann. Insofern können wir die Beispielformel F von oben nachbilden durch die 3 Ungleichungen:

$$\begin{aligned} x + (1 - y) + u &\geq 1 \\ y + z + (1 - u) &\geq 1 \\ (1 - x) + (1 - z) + (1 - u) &\geq 1 \end{aligned}$$

Nach Umformung in die vorgesehene Form für ein GP erhalten wir also insgesamt folgendes System von Ungleichungen

$$\begin{aligned} x &\geq 0 \\ -x &\geq -1 \\ y &\geq 0 \\ -y &\geq -1 \\ z &\geq 0 \\ -z &\geq -1 \\ u &\geq 0 \\ -u &\geq -1 \\ x - y + u &\geq 0 \\ y + z - u &\geq 0 \\ -x - z - u &\geq -2 \end{aligned}$$

welches auch in der Form $A \cdot x \geq b$ geschrieben werden kann (vgl. Abschnitt über Matrizen):

$$\begin{pmatrix} 1 & 0 & 0 & 0 \\ -1 & 0 & 0 & 0 \\ 0 & 1 & 0 & 0 \\ 0 & -1 & 0 & 0 \\ 0 & 0 & 1 & 0 \\ 0 & 0 & -1 & 0 \\ 0 & 0 & 0 & 1 \\ 0 & 0 & 0 & -1 \\ 1 & -1 & 0 & 1 \\ 0 & 1 & 1 & -1 \\ -1 & 0 & -1 & -1 \end{pmatrix} \cdot \begin{pmatrix} x \\ y \\ z \\ u \end{pmatrix} \geq \begin{pmatrix} 0 \\ -1 \\ 0 \\ -1 \\ 0 \\ -1 \\ 0 \\ -1 \\ 0 \\ 0 \\ -2 \end{pmatrix}$$

Es ist klar, dass diese Matrix ganz stereotyp, basierend auf den vorkommenden Variablen und den Klauseln in F, und damit *effizient* hergestellt werden kann. Ferner ist in diesem Fall leicht zu sehen, dass, wie gewünscht, für alle F gilt:

F ist erfüllbar **gdw.** das Ungleichungssystem $g(F) =$ „$A \cdot x \geq b$“ ist lösbar.

In diesem Fall ist es sogar so, dass die potenzielle Lösung des Erfüllbarkeitsproblems (Boole'sche Wahrheitswerte für die Boole'schen Variablen) unmittelbar als ganzzahlige Werte 0 oder 1 interpretiert, eine Lösung des GP darstellen, und umgekehrt.

Eine interessante Beobachtung am Rande ist noch, dass es hier ganz entscheidend ist, dass man eine ganzzahlige Lösung (in diesem Kontext nur 0 oder 1) verlangt. Lässt man stattdessen kontinuierliche (also reellwertige) Lösungen zu und setzt alle Variablenwerte mit $\frac{1}{2}$ fest, so ergibt dies immer eine Lösung des Ungleichungssystems, unabhängig davon, ob F erfüllbar ist oder nicht. Das Reduktionsprinzip (also die obige „gdw“-Aussage) gilt dann nicht mehr (sonst hätten wir $\mathrm{P} = \mathrm{NP}$ gezeigt). Denn das lineare Programmierungsproblem mit kontinuierlichen Lösungen (kurz: LP) ist effizient lösbar.

Symbolverzeichnis

$\mathbb{N}$	Menge der natürlichen Zahlen, $\mathbb{N} = \{1, 2, 3, \ldots\}$
$\mathbb{Z}$	Menge der ganzen Zahlen
$\mathbb{R}$	Menge der reellen Zahlen
$\in$, $\subseteq$, $\subset$	Element, Teilmenge, echte Teilmenge
$\cup$, $\cap$, $\setminus$, $\triangle$	Vereinigung, Schnitt, Differenz, symmetrische Differenz
$\|x\|$, $\|w\|$, $\|M\|$	Absolutbetrag, Länge eines Wortes, Mächtigkeit einer Menge
$\mathcal{P}(M)$	Potenzmenge, Menge aller Teilmengen von M
$\lfloor x \rfloor$, $\lceil x \rceil$	größte ganze Zahl, die $\leq x$ ist; kleinste ganze Zahl, die $\geq x$ ist
∞	unendlich
$\sum$, $\prod$	Summe, Produkt
$\times$	kartesisches Produkt
$\exists$, $\forall$, $\exists!$, $\overset{\infty}{\exists}$, $\overset{\infty}{\forall}$	Existenz- und Allquantor, genau einer, unendlich viele, fast alle
$\lim_{n\to\infty} a_n$	Grenzwert der Folge (a_n)
$n!$	n Fakultät, $n! = \prod_{i=1}^{n} i$
$\binom{n}{k}$, $\binom{M}{k}$	Binomialkoeffizent, n über k; Menge aller k-elem. Teilmengen
ε	leeres Wort
$\{\ldots \mid \ldots\}$	Schreibweise für Mengen
$(\ldots)$	Folge, Funktionsargument, Zyklenschreibweise
$[\ldots]$	Äquivalenzklasse, Iverson-Klammer
$\langle \ldots, \ldots \rangle$	Skalarprodukt
$\circ$	binäre Operation, Komposition, Konkatenation
λ	Funktionsbildungs-Operator
$\wedge$, $\vee$, $\neg$, $\oplus$	und, oder, nicht, ausschließendes oder
$\rightarrow$	daraus folgt (oder: Funktion von... nach; oder: strebt gegen Grenzwert)
$\leftrightarrow$, $\Leftrightarrow$	genau dann wenn
$\mapsto$	elementweise Funktionsbeziehung
↯	Widerspruch
$\square$	Beweisendezeichen, leere Klausel
○—●	Korrespondenz

Griechische, hebräische und altdeutsche Buchstaben

α	A	Alpha	א	Aleph
β	B	Beta	ב	Beth
γ	Γ	Gamma	ג	Gimel
δ	Δ	Delta	ד	Daleth
ε, ϵ	E	Epsilon		
ζ	Z	Zeta		
η	H	Eta		
θ, ϑ	Θ	Theta		
ι	I	Iota		
κ	K	Kappa		
λ	Λ	Lambda		
μ	M	My, sprich: „Mü”		
ν	N	Ny, sprich: „Nü”		
ξ	Ξ	Xi		
o	O	Omikron		
π	Π	Pi		
ρ, ϱ	P	Rho		
σ	Σ	Sigma		
τ	T	Tau		
υ	Υ	Ypsilon		
ϕ, φ	Φ	Phi		
χ	X	Chi		
ψ	Ψ	Psi		
ω	Ω	Omega		

$\mathfrak{a\ b\ c\ d\ e\ f\ g\ h\ i\ j\ k\ l\ m\ n\ o\ p\ q\ r\ s\ t\ u\ v\ w\ x\ y\ z}$

$\mathfrak{A\ B\ C\ D\ E\ F\ G\ H\ I\ J\ K\ L\ M\ N\ O\ P\ Q\ R\ S\ T\ U\ V\ W\ X\ Y\ Z}$

Literatur

M. Aigner, G.M. Ziegler: Das BUCH der Beweise. Springer, 2002.

H.J. Appelrath, D. Boles, V. Claus, I. Wegener: Starthilfe Informatik. Teubner, 1998.

B. Averbach, O. Chein: Problem Solving Through Recreational Mathematics. Dover, 2000.

L. Babai, P. Frankl: Linear Algebra Methods in Combinatorics with Applications to Geometry and Computer Science. Department of Computer Science, University of Chicago, Preliminary Version 2, September 1992.
http://www.cs.uchicago.edu/research/publications/combinatorics

M. Beck, R. Geoghegan: The Art of Proof – Basic Training for Deeper Mathematics. Springer, 2010.

G. Berendt: Mathematische Grundlagen für Informatiker. 2 Bände. Bibl. Institut, 1990.

A. Beutelspacher: „Das ist o.B.d.A. trivial“. Tipps und Tricks zur Formulierung mathematischer Gedanken. Vieweg+Teubner, 2009.

A. Beutelspacher, M.A. Zschiegner: Diskrete Mathematik für Einsteiger. Vieweg, 2002.

E.D. Bloch: Proofs and Fundamentals – A First Guide in Abstract Mathematics. Birkhäuser, 2nd Ed., 2003.

R. Bornat: Proof and Disproof in Formal Logic – An Introduction for Programmers. Oxford University Press, 2005.

F. M. Brown: Boolean Reasoning, 2nd Ed, Dover, 2003.

B. Buchberger, F. Lichtenberger: Mathematik für Informatiker I – Die Methode der Mathematik. Springer, 1980.

E.B. Burger, M. Starbird: The Heart of Mathematics – An Invitation to Effective Thinking. Key College Publishing, 2000.

J. Cigler: Grundideen der Mathematik. Bibl. Institut, 1992.

R. Courant, H. Robbins: Was ist Mathematik? 5. Auflage. Springer, 2001.

A. Cupillari. The Nuts and Bolts of Proofs. Elsevier, 2005.

J.P. D'Angelo, D.B. West: Mathematical Thinking – Problem Solving and Proofs. Prentice-Hall, 2000.

M.V. Day: An Introduction to Proofs and the Mathematical Vernacular.
http://www.math.vt.edu/people/day/ProofsBook/

O. Deiser: Grundbegriffe der wissenschaftlichen Mathematik – Sprache, Zahlen und erste Erkundungen. Springer, 2010.

O. Deiser, C. Lasser, D. Werner, E. Vogt: 12×12 Schlüsselkonzepte zur Mathematik. Spektrum, 2011.

H. Eirund, B. Müller, G. Schreiber: Formale Beschreibungsverfahren der Informatik. Teubner, 2000.

J. Franklin, A. Daoud: Introduction to Proofs in Mathematics. Prentice-Hall, 1988.

A. Frommer, P. Langer: Kleiner Leitfaden zu Beweistechniken. Skript, Uni Wuppertal, 2006. http:// www-ai.math.uni-wuppertal.de/ SciComp/ teaching/ ss09/ AlgGeom/Skript/ beweisleitfaden.pdf

W.R. Fuchs: Knaurs Buch der modernen Mathematik. Droemer & Knaur, 1968.

S. Galovich: Doing Mathematics: An Introduction to Proofs and Problem Solving. Brooks Cole, 2006.

R. Garnier, J. Taylor: 100 % Mathematical Proof. Wiley, 1996.

S. Gibilisco: Math Proofs Demystified. McGraw-Hill, 2005.

G. Goos: Vorlesungen über Informatik. Band 1: Grundlagen und funktionales Programmieren. Springer, 1995.

R.L. Graham, D.E. Knuth, O. Patashnik: Concrete Mathematics – A Foundation for Computer Science. Addison-Wesley, 1989.

D. Gries, F.B. Schneider: A Logical Approach to Discrete Math. Springer, 1993.

D. Hachenberger: Mathematik für Informatiker. Pearson, 2008.

P.R. Halmos: Wie schreibt man mathematische Texte. Teubner, Leipzig, 1977.

R. Hammack: Book of Proof. Virginia Commonwealth University, 2009.

P. Hartmann: Mathematik für Informatiker. Vieweg, 2002.

B. Hollas: Grundkurs Theoretische Informatik. Spektrum, 2007.

K. Houston: How to Think Like a Mathematician – A Companion to Undergraduate Mathematics. Cambridge University Press, 2009.

W. Hower: Diskrete Mathematik – Grundlage der Informatik. Oldenbourg, 2010.

K. Jacobs: Ideen und Entwicklungen in der Mathematik. Band 1. Proben mathematischen Denkens. Vieweg, 1987.

S. Jukna: Crashkurs Mathematik für Informatiker. Teubner, 2008.

U. Kastens, H. Kleine Büning: Modellierung – Grundlagen und formale Methoden. Hanser, 2005.

K. Kidolezi, D. Molk, M. Opara, D. Shea: $\forall$ Proof Writing $\exists$ This Reference Book. http://community.middlebury.edu/~bremser/MA091_HANDBOOK.pdf

B. Kisačanin: Mathematical Problems and Proofs – Combinatorics, Number Theory, and Geometry. Kluwer, 2002.

H. Klaeren, M. Sperber: Vom Problem zum Programm. Teubner, 2001.

H. Klaeren, M. Sperber: Die Macht der Abstraktion: Einführung in das Programmieren. Teubner, 2007.

U. Knauer: Diskrete Strukturen – kurz gefasst. Spektrum, 2001.

W.P. Kowalk: Korrekte Software – Semantik, Spezifikation, Verifikation und Testen von Programmen. Bibliograph. Institut, 1993.

N. Krank, H. Sewerin: Formelsammlung Mathematik. Wittwer, 2004.

S.G. Krantz: Discrete Mathematics Demystified. McGraw-Hill, 2008.

S.G. Krantz: The Proof is in the Pudding. http://www.math.wustl.edu/~sk/books/proof.pdf

M. Laczkovich: Conjecture and Proof. The Mathematical Association of America, 2001.

I. Lakatos: Proofs and Refutations. The Logic of Mathematical Discovery. Cambridge University Press, 1976.

E. Lehmann, T. Leighton: Mathematics for Computer Science. Princeton, 2004. http://www.cs.princeton.edu/courses/archive/fall06/cos341/handouts/mathcs.pdf

G. Matthiesen: Logik für Software-Ingenieure. deGruyter, 1991.

C. Meinel, M. Mundhenk: Mathematische Grundlagen der Informatik: Mathematisches Denken und Beweisen. Teubner, 2008.

F. Modler, M. Kreh: Tutorium Analysis 1/2 und Lineare Algebra 1/2 - Mathematik von Studenten erklärt und kommentiert. Spektrum, 2010 und 2011.

R.P. Morash: A Guide to Proof-Writing. http://www.csd.abdn.ac.uk/~kvdeemte/teaching/CS3511/lectures/slides/proofwriting.pdf

R.P. Morash: Bridge to Abstract Mathematics – Mathematical Proof and Structures. McGraw-Hill, 1991.

D.W. Morris, J. Morris: Proofs and Concepts – The Fundamentals of Abstract Mathematics. http://people.uleth.ca/~dave.morris/books/proofs+concepts.pdf

G. Mühlbach: Vorkurs zur Mathematik. Binomi Verlag, 2003.

H. Müller, F. Weichert: Vorkurs Informatik – Der Einstieg ins Informatikstudium. Teubner, 2005.

K.H. Niggl: Mengentheoretische Grundbegriffe. Skript. TU Ilmenau. http://www.tu-ilmenau.de/fakia/fileadmin/template/startIA/ktea/Lehre/LS/ss08/basic.pdf

W. Oberschelp, D. Wille: Mathematischer Einführungskurs für Informatiker. Teubner, 1976.

I. Parberry: Lecture Notes on Algorithm Analysis and Computational Complexity, 2001. http://www.eng.unt.edu/ian/books/free/lnoa.pdf

W. Paul: Komplexitätstheorie. Teubner, 1978.

F.E. Peters: Einführung in mathematische Methoden der Informatik. Bibliograph. Institut, 1974.

D. Plachky: Mathematische Grundbegriffe und Grundsätze der Stochastik. Springer, 2001.

G. Polya: How to Prove It: A New Aspect of Mathematical Method. Princeton University Press, 2004.

W. Preuß: Funktionaltransformationen – Fourier-, Laplace- und Z-Transformation. Fachbuchverlag Leipzig, 2002.

L. Råde, B. Westergren: Springers mathematische Formeln. Springer, 1996.

D. Richardson: Logic Language Formalism Informalism. International Thomson Publishing, 1995.

J.J. Rotman: Journey into Mathematics: An Introduction to Proofs. Dover, 2006.

H. Schichl, R. Steinbauer: Einführung in das mathematische Arbeiten. Springer, 2009.

T. Schickinger, A. Steger: Diskrete Strukturen. Band 2. Wahrscheinlichkeitstheorie und Statistik. Springer, 2001.

K. Schmidt: Mein erster Beweis. http://www2.informatik.hu-berlin.de/top/download/beweis.pdf

U. Schöning: Logik für Informatiker. Spektrum, 2000.

U. Schöning: Theoretische Informatik – kurz gefasst. Spektrum, 2008.

U. Schöning: Ideen der Informatik. Oldenbourg Verlag, 2008.

R.H. Schulz (Hg.): Mathematische Aspekte der Angewandten Informatik. Bibl. Institut, 1994.

A. Soifer: Mathematics as Problem Solving. Springer, 2009.

D. Solow: How to Read and Do Proofs. An Introduction to Mathematical Thought Processes, Wiley, 2004.

I.S. Sominskij, L.I. Golovina, I.M. Jaglom: Die vollständige Induktion. Verlag Harry Deutsch, 1986.

A. Steger: Diskrete Strukturen. Band 1: Kombinatorik – Graphentheorie – Algebra. Springer, 2001.

W. Struckmann, D. Wätjen: Mathematik für Informatiker – Grundlagen und Anwendungen. Spektrum, 2007.

T. Tantau: Vorlesungsskript Logik für Informatiker, Universität zu Lübeck, 2009.

G. Teschl, S. Teschl: Mathematik für Informatiker. Band 1: Diskrete Mathematik und Lineare Algebra. Band 2: Analysis und Statistik. Springer, 2007/2008.

D.J. Velleman: How to Prove It: A Structured Approach. Cambridge University Press, 2006.

W.A. Wickelgren: How to Solve Mathematical Problems. Dover, 1974.

K.U. Witt: Algebraische Grundlagen der Informatik. Zahlen – Strukturen – Codierung – Verschlüsselung. Vieweg, 2001.

M. Wohlgemuth (Hrsg.): Mathematisch für Anfänger. Spektrum, 2009.

M. Wohlgemuth (Hrsg.): Mathematisch für fortgeschrittene Anfänger. Spektrum, 2010.

M.P.H. Wolff, P. Hauck, W. Küchlin: Mathematik für Informatik und BioInformatik. Springer, 2004.

Index